华章科技

U0235724

第**2**版

小程序，巧应用

微信小程序开发实战

熊普江 谢宇华 编著

机械工业出版社
China Machine Press

图书在版编目（CIP）数据

小程序，巧应用：微信小程序开发实战 / 熊普江，谢宇华编著 . —2 版 . —北京：机械工业
出版社，2017.7（2019.5 重印）

ISBN 978-7-111-57306-7

I. 小… II. ①熊… ②谢… III. 移动终端 – 应用程序 – 程序设计 IV. TN929.53

中国版本图书馆 CIP 数据核字（2017）第 159178 号

小程序，巧应用：微信小程序开发实战 第 2 版

出版发行：机械工业出版社（北京市西城区百万庄大街 22 号 邮政编码：100037）

责任编辑：吴 怡　　　　　　　　　　　责任校对：殷 虹

印　　刷：三河市宏图印务有限公司　　　版　　次：2019 年 5 月第 2 版第 6 次印刷

开　　本：186mm×240mm　1/16　　　　印　　张：20.5

书　　号：ISBN 978-7-111-57306-7　　　定　　价：69.00 元

第 2 版前言

　　小程序是微信团队打造的"连接一切"的新事物、新能力。因此，本书第 1 版的首要原则是：及时。其中我们介绍了小程序的框架、开发方法与应用案例，希望让广大移动互联网爱好者能在第一时间对小程序的开发有相对全面的认识，并着手开发自己的小程序。

　　但也正因为微信小程序是个新生事物，自其 2017 年 1 月 9 日正式上线以来，得到广大开发者的好评，提出了更多场景与能力的诉求，微信团队响应得非常迅速，在短短的几个月时间内，又为小程序开放了更多的新能力。这些新能力包括但不限于：

- 开放个人开发者申请。
- 公众号自定义菜单可打开小程序。
- 公众号模板小程序可打开小程序。
- 公众号绑定小程序时可选择给粉丝群发通知，粉丝点击通知消息即可进入小程序。
- 兼容线下二维码，原有二维码也能进入小程序（参考摩拜单车）。
- App 分享链接到微信，可用小程序打开。
- 小程序提供蓝牙相关 API，可连接硬件。
- 小程序和微信卡券结合，在小程序中就可领取会员卡和优惠券。
- 支持长按识别二维码进入小程序。
- 开放第三方平台，可以把小程序交给第三方开发或管理。
- 推出了新的小程序二维码，小程序二维码不再是枯燥的方形。
- 公众号可关联不同主体的小程序了，一个公众号最多可关联 13 个小程序。
- 公众号文章支持添加小程序卡片，点击卡片即可进入小程序。
- 小程序之间可以相互跳转了，在小程序中长按识别小程序码即可跳转到其他小程序。
- 小程序的大小升级为 2MB。
- ……

　　因此，我们有必要及时更新内容，以确保读者可以利用本书开发内容更丰富、功能更强大的小程序。

同时，我们响应读者的诉求，在第 2 版中扩展了新的应用案例，使得内容更加丰富与实用，更易实践。

另外，我们还为本书的应用案例提供了源代码下载地址，便于读者使用。下载地址为：http://www.5iops.com/sample.zip

小程序正在让"连接一切"的移动互联网生态成为现实，未来将无限可能。

作　者

2017 年 5 月

序 一

不管是美国的工业互联网，还是中国的互联网+，这些都表明互联网正在催生新一轮的产业革命。移动 App 在不断地连接"人"，创造一个个新的基于人的应用场景；物联传感器在不断地连接"物"，也在创造一个个新的基于物的应用场景。连接带来了大的并发量和数据量，从而又促使了云计算和大数据这种分布式计算方式和数据处理方式的普及。"云大移物"为代表的新一代信息技术是当今互联网技术的核心，它们正在形成一种新的体系。正如时任工业和信息化部副部长杨学山先生在中国新一代 IT 产业推进联盟成立仪式上用"五个新"做的精辟总结：信息技术正在形成新的体系结构（新体系）；新的技术体系形成了新的能力（新能力）；在新的能力支撑下正在形成许多新的应用模式（新模式）；新的应用模式正在导致新的竞争格局（新格局）；新体系、新能力、新模式和新格局一起在推动人类社会迈入新的发展阶段（新阶段）。

在新的互联网时代，企业级 IT 应用正在面临颠覆性的变革：从单机架构走向分布式架构，从瀑布式开发走向迭代式开发，从大模块走向微服务，从大项目交付走向持续交付。这一切都需要企业 IT 开发与应用的模式要适应互联网环境下敏捷开发、快速迭代和弹性扩展的需求。可以说，企业级 IT 应用已经到了一个不得不换代的关键时期。在新的互联网基础设施平台上，进行原生云应用的开发，已是企业 IT 的必然选择。

微信确实是一个伟大的产品，它不仅成为我们每一个人日常沟通交流的工具，也成为了整个社会的信息基础设施。在国内，由于微信几乎在实时连接每一个人，它自然也成了一个最强大的"入口"。公众号、服务号和企业号的诞生已经让微信在开始连接后端的企业系统，但是这些后端的系统还可能是过去那些笨重的遗留系统。如何真正实现互联网化的即连即用，或许应用号才开始真正打开一个企业级的应用市场，我们正翘首以待。业界一直有一个说法："企业级应用太重，很难互联网化"，然而我一直不以为然。企业架构（Enterprise Architecture）之父 Zachman 告诉我们，复杂的复合件应该是建立在简单的原子件组装基础上。没有良好的架构设计，系统会有大量的重复开发和重叠，复杂性也会随着需求的增加而指数级增长，到一定时候不得不推倒重来。今天的大多数企业信息化还处于这种手工作坊式的"复杂"漩涡中。大道至简，但"简"需要好的架构设计。但愿企业号的"小程序"和"巧应用"能为我们下一代信息化打开一扇新的窗户。

　　熊普江和谢宇华分别是我们第二届和第三届互联网 CIO-CTO 班学员。特别是普江，他本人是腾讯的架构师，对互联网架构有深刻的认识，对腾讯的所有产品都有足够的了解。我很高兴能为他们俩的这本书作序！可以说，《小程序，巧应用》这本书是这个时代的及时雨，它不仅仅告诉我们应用号小程序的开发和使用，也为我们下一代信息化模式转型做了一个非常好的铺垫。

姚乐，CIO 时代学院院长

2016 年 11 月 28 日

序　二

"触手可及、用完即走"，作为用户当然会期待这样的应用产品。微信小程序正是这样的产品，它面对月活超过 8 亿用户的微信生态，为服务开发者推出了一个方便快捷地连接用户的开发平台。

从小程序对外发布内测，我身边就有很多人在关注。当时我创办的 1024 学院也计划邀请微信的专家来上公开课，为此我还联系了本书作者普江，他当时说公测期，内部人士不好对外发声，正式上线后可以安排。

没有想到普江自己藏着大招，从内测开始到现在不到两个月，便给我传了一份书稿，让我写序。

认识普江很多年，知道他不仅是技术专家，也是热心公益、乐于分享助人的好朋友。就如他自己所言，因为太多的朋友找到他问，促使他开始准备这本书，普江的初心还是要帮助朋友，帮助小程序的开发者。

这本书可能是第一本微信小程序的实战类书籍。感谢普江、宇华两个作者夜以继日的辛苦努力，能让广大开发者在第一时间拿到详实的开发指南和参考资料。

我们也很期待在微信生态里出现一批高质量的微信小程序，为用户提供更多、更好、更便捷的服务。

——吴华鹏，iTechClub（互联网精英俱乐部）理事长，1024 学院创始人

第1版前言

随着移动互联网的兴起，互联网作为一种信息技术在传统社会与传统工业中发挥的作用越来越强大，互联网与整个社会运作正在加速深度融合。"互联网＋"的趋势显而易见，政府、社会组织、企业以及个人，都对移动互联网时代的融合或转型充满期待而又心怀忐忑：移动化的场景如何结合？是否有足够的移动应用开发能力？即便场景与能力都满足，是否能应对获取用户成本、打开频率等移动互联网运营的巨大挑战？

好在我们有微信！这是一款为移动时代而生，让世界互联网震惊的中国创新应用。经过5年多的发展，微信已有超过8亿月活用户且仍在不断进化与演进，是移动时代当之无愧的超级 App 王。更加幸运的是，腾讯的微信团队源源不断地将微信的能力开放出来，为我们提供了融合与转型的超强连接力。

2016 年 1 月在广州举办的微信公开课上，"微信之父"张小龙在他演讲的最后一部分，宣布将推出"应用号"。小龙提到："我自己当了多年程序员，我觉得我们应该为开发团体做一些事情。"至于"应用号"的样子，小龙当时的大概表述是"类似于公众号，但比公众号更便捷、更好找，有更容易使用的形态"。这就是微信小程序的由来。

历时 8 个多月，在 2016 年 9 月 21 日，微信小程序公布开启"内测"。随即这个内测消息便刷爆了朋友圈，我在接下来的数天内便接到不下 30 个"求内测邀请码"需求留言，小程序火爆程度可见一斑。由于微信团队首批仅开放了 200 个内测号，物以稀为贵，网络上不久就有传言：转让某个带小程序功能的微信号，账号有 30.7 万女粉丝，起拍价 300 万。

2016 年 11 月 3 日，小程序正式开放公测。我再次在朋友圈刷屏中体验到了"小程序"的火爆，感受到了开发者、企业以及市场对微信小程序的好奇、疑惑，同时也感受到大家在移动浪潮中拥抱变化的期待。

微信官方页面指出："小程序可以在微信内便捷地获取和传播，同时具有出色的使用体验。"张小龙在小程序内测首发当天，也在朋友圈给出了解释：小程序是一种不需要下载安装即可使用的应用，它实现了应用"触手可及"的梦想，用户扫一扫或者搜一下即可打开。这也体现了"用完即走"的理念，用户无须担心安装应用过多的问题。应用将无处不在，随时可用，但又无须安装卸载。

移动互联网时代的微信应用不可或缺，微信小程序切合了时代需要，毫无疑问会成为政府、组织机构、企业以及开发者必争的互联网应用场景。微信小程序必将再一次扩展微信强大的"连接力"，帮助我们解决现有服务痛点，或者发掘、衍生出新的商业模式，帮助行业、企业以及政府机构改善服务或实现"互联网＋"转型。

感谢微信团队，为我们带来微信小程序这个新生事物。绝大部分场景下，不用单独开发 App 的时代来临了。那么如何开发小程序？如何将现有的服务或场景与小程序结合？

由于小程序是新生事物，基本上多数人都无经验可言。与小龙一样，我觉得此时有必要为所有对小程序感兴趣、有期待的朋友，提供一些有关小程序开发的指南，这是一件非常有意义的事情。

由于我在工作上与微信团队联系紧密，沟通频繁，有近水楼台优势；而且对腾讯业务有相对全面的了解，熟悉丰富的应用场景，学习了大量小程序项目案例。

自小程序内测开启以来，我们更是夜以继日，同步研读与理解微信团队的文档，梳理开发逻辑，测试各个场景案例，希望尽早奉献给大家一本从入门到精通的小程序开发大全。

我们尝试通过本书将我们的先发优势发挥出来。由小程序的框架、语法、函数及API 开始，结合丰富实用的案例，帮助大家熟练掌握小程序的开发与应用，并探讨小程序的适用范围以及未来优化演进的方向。

本书读者对象包括：

- 前端开发工程师
- 微信应用开发者
- 移动开发爱好者
- 计算机相关专业的学生

如何阅读这本书

作为"开放连接体系"的一环，微信团队为小程序提供连接标准与规范，最大限度地降低了开发门槛，但开发小程序还是需要一定的"专业开发能力"与程序开发的理解力。

微信小程序的开发是基于框架的。因此，开发者首先要理解"框架"（framework）的概念。

从软件设计角度，框架是一个可复用的软件架构解决方案。框架规定了应用的体系结构，阐明软件体系结构中各层次间及其层次内部各组件间的依赖关系、责任分配和控制流程，框架表现为一组接口、抽象类以及实例间协作的方法。

框架一般是成熟、稳健的，可以处理系统中很多的细节问题，比如，事物处理、安全性、数据流控制等问题。框架一般都为多人所用，所以结构很好，扩展性也很好，而且它是不断升级的，可以直接享受别人升级代码带来的好处。

显然，框架极大地方便了开发者，减少了开发代码量并提升了代码质量。

微信团队为小程序提供的开发框架为 MINA 框架，它类似于淘宝 Weex、Vue 框架。MINA 框架经过大量底层的优化设计，有着接近原生 App 的运行速度，对 Android 端和 iOS 端做到了高度一致的呈现，具有完备的开发和调试工具。

微信团队为小程序的开发者提供了包含 UI 界面、社交与支付、语音、多媒体、LBS 服务、手机硬件、网络传输等基础能力。功能丰富且实用，可以覆盖绝大部分移动应用的场景需求。

基于对框架的理解与小程序能力及开发过程，我们将本书基本内容划分为五大块：

- 创建一个小程序项目并解析体验：由零开始创建一个小程序，全面体验小程序的开发工具、小程序界面、开发框架、实现过程及代码解析，了解小程序的应用场景及开发要求。这部分内容非常适合对小程序开发感兴趣的初学者。
- 小程序开发基础指南：按框架构成，阐述小程序开发的语言与语法、函数方法、模块及事件交互等。这部分内容对小程序开发者而言，是必须掌握的部分。
- 组件开发应用指南：详细阐述使用组件进行页面视图的开发过程与组件应用技巧，熟练掌握组件的使用，将大大提高小程序开发的效率。
- API 接口开发应用指南：微信强大的基础能力均通过 API 接口开放出来，它为小程序实现强大功能及适配各种应用场景提供了可能。这一部分内容阐述如何使用各个微信原生 API 接口进行小程序开发，可帮助开发者创建出功能强大且极具原生体验的小程序应用。
- 小程序经典案例：通过几个应用场景的案例，让读者实践小程序的各项功能并掌握一些应用技巧。

本书力图帮助读者充分理解小程序的功能、开发过程，由浅入深，使读者快速掌握小程序项目的开发。相信读者通过学习本书，一定可以尝试简单、高效地搭建具有原生 App 体验的小程序应用或服务。

致谢

在写作本书的过程中，得到了很多同行、同事以及朋友的鼓励，在此衷心感谢。也感谢华章公司编辑们的努力，感谢家人的支持与理解。

场景代表未来，每一个对应现实需要的服务场景或实用功能的小程序，通过微信的连接与巧妙应用，汇聚起来，最终成为改变世界的力量。

我们相信：小程序，巧应用，可以成就大梦想。

现在，我们邀请所有对移动互联网服务与应用感兴趣的朋友，都来开发微信小程序。

作者

2016 年 12 月

目　录

第 1 章　创建自己的第一个小程序

学习计算机语言，一般会最先接触"Hello World！"程序。与之类似，要掌握微信小程序的开发，我们也先来创建自己的第一个小程序实例。

1.1　准备工作

微信小程序是继订阅号、服务号、企业号之后，微信公众平台上全新的一种连接用户与服务的方式。

开始创建之前，我们需要做些准备工作，包括工作账号及项目 ID 获取，开发环境要求与搭建等，这也是开发小程序必备的前提工作。

1.1.1　成为微信公众平台开发者

成为微信公众平台的开发者，是小程序开发的首要条件。只有成为微信公众平台开发者，才可以使用公众平台的各种开发接口。如果你已经是开发者，则可以跳过本节。

一般来讲，开发者的微信号就是小程序的开发者 ID。要注意的是：微信号可以独立存在，而开发者 ID 不能独立存在，它必然要绑定于某个公众平台服务项目，如公众号或小程序。因此，若要成为开发者，还需要有公众平台服务（订阅号、服务号、企业号、小程序）账号或归属于某个公众平台服务的开发者。如果还没有公众平台小程序服务账号，需要先注册，注册入口为：https://mp.weixin.qq.com/，点击首页右上角"立即注册"进行注册。经过以下步骤完成小程序服务账号注册：

1）填写账号信息。

2）邮箱激活。

3）信息登记。

> **注意**　目前小程序项目不仅开放给企业、政府、媒体及其他组织，也已支持个人开发者注册，但对个人开发者所支持的开发类目与 API 能力相对较少或受限，如暂不支持电子商务与网上超市等类目，暂不支持个人认证、支付与卡券等 API。

完成注册后，可以登录公众平台（网址为 https://mp.weixin.qq.com/）并完善微信小程序信息（如小程序名称、头像、小程序介绍、服务范围等）。

然后我们就可以绑定开发者了。登录后进入"用户身份"页面，选择"开发者"进行绑定，如图 1-1 和图 1-2 所示。

图 1-1　用户身份管理

图 1-2　绑定开发者

> **注意**　已认证的小程序最多可以绑定 20 名开发者。未认证的小程序最多可以绑定 10 名开发者。

由于个人不能注册小程序账号，但这并不意味着个人不能进行小程序开发，这时可以通过已有的订阅号（或新注册的订阅号）开发小程序。步骤如下：

1）使用订阅号账号，登录公众平台（用电脑在 https://mp.weixin.qq.com/ 中登录），在左边菜单中，选择"开发"→"基本配置"，点击"开通"，成为开发者。

2）在左边菜单中，选择"开发"→"开发者工具"→在页中点选"Web 开发者工具"的"进入"，点选"绑定开发者微信号"，如图 1-3 所示。成功后可以看到个人头像；如图 1-4 所示。之后，开发者微信号可在 Web 开发者工具中进行公众号或小程序的开发与调试。

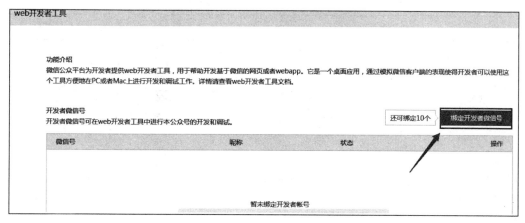

图 1-3　开发者管理

图 1-4　绑定开发者微信号

> 🎥 **注意**　绑定后，开发者手机的微信里会收到一条消息，需要接受邀请，才能成为真正的开发者。

1.1.2 获取小程序 AppID

成功注册小程序账号后，会有唯一的 AppID。登录 https://mp.weixin.qq.com，在页面左边的菜单中，点选"设置"→"开发设置"，可查看到微信小程序的 AppID，如图 1-5 所示。

> 🅘 **注意** 这里不可使用公众号（服务号或订阅号）的 AppID。没有 AppID 也可以进行小程序开发练习，只是部分功能受限，且不能上传发布。

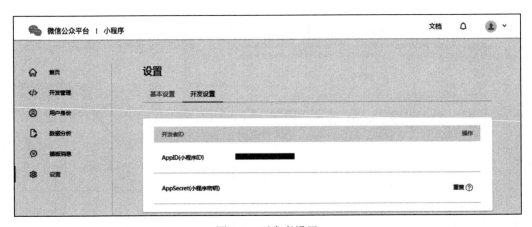

图 1-5 开发者设置

要在手机上体验此 AppID 的小程序，默认只有公众平台小程序账号的管理员微信号可以；其他微信号还需要进行"绑定开发者"的操作。即在"用户身份"-"开发者"模块中，绑定需要体验该小程序的微信号。

1.1.3 安装开发者工具包

作为开发者，需要有开发环境。这里需要下载安装开发者工具包。截止于 2017 年 5 月 9 日，微信团队提供的开发者工具包版本为 0.17.170900，有 Windows 32 位、Windows 64 位及 Mac 三种版本。官方下载地址为：https://mp.weixin.qq.com/debug/wxadoc/dev/devtools/download.html。成功下载适当的版本后，在开发者的电脑上进行安装。下面以 Windows 64 位安装包为例，描述安装过程。

双击下载的安装包，将出现安装向导，如图 1-6 所示。

点击"下一步"，完成开发者工具包的安装，如图 1-7 所示。

运行"微信 Web 开发者工具"，将会要求开发者使用手机微信扫码登录，如图 1-8 所示。

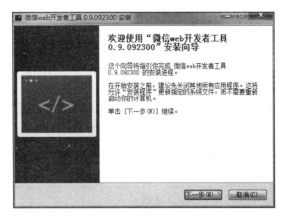

图 1-6　安装向导之一

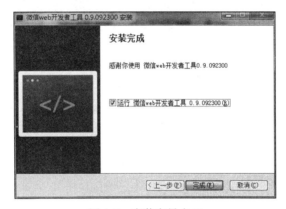

图 1-7　安装向导之二

图 1-8　微信 Web 开发者工具启动界面

至此，我们创建第一个小程序所需的准备工作全部完成。

1.2 创建第一个小程序——Hello WXapplet

事不宜迟，我们马上开始创建第一个微信小程序——Hello WXapplet。

在安装开发者工具的电脑上运行"微信 Web 开发者工具"，通过开发者的微信扫码进入后，即可得到如图 1-9 所示的界面。

图 1-9　添加小程序项目

点击"添加项目"，填入前面我们获得的 AppID（无 AppID 可以忽略），并输入项目名称"Hello WXapplet"，选定本地文件夹作为"项目目录"，如图 1-10 所示。

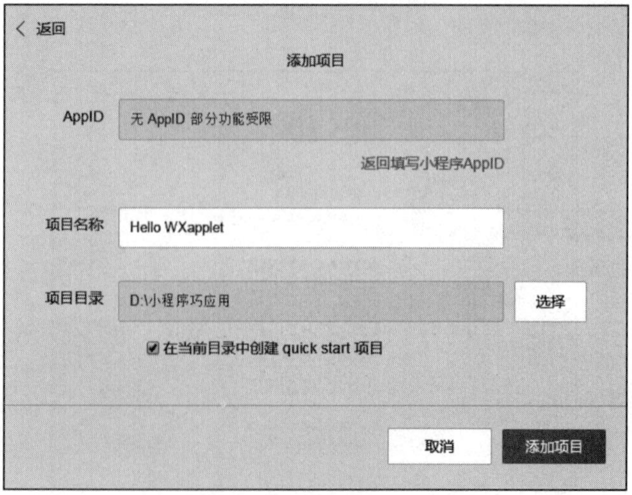

图 1-10　指定项目名称

勾选"在当前目录中创建 quick start 项目"后,点击"添加项目"按钮,即已成功创建了我们的第一个微信小程序项目——Hello WXapplet。

Hello WXapplet 项目创建成功后,即进入并看到完整的开发者工具界面。我们创建的 Hello WXapplet 这个小程序只包含两个页面:首页及信息页,实现一些简单的功能。其中,首页显示当前登录的微信号头像及昵称。点击首页,则进入信息页,可以查看到小程序启动的日志信息。我们将在第 2 章中全面解析 Hello WXapplet 这个项目的代码。

在进行 Hello WXapplet 小程序项目代码介绍之前,我们需要熟悉一下微信 Web 开发者工具的操作。

1.3　微信 Web 开发者工具的操作与使用

"工欲善其事,必先利其器"。熟悉开发者工具界面与操作,将为我们今后的开发带来极大的便利。

1.3.1　界面与操作

微信开发者工具功能非常强大与便捷,集成了开发调试、代码编辑及程序发布等功能。主界面如图 1-11 所示。

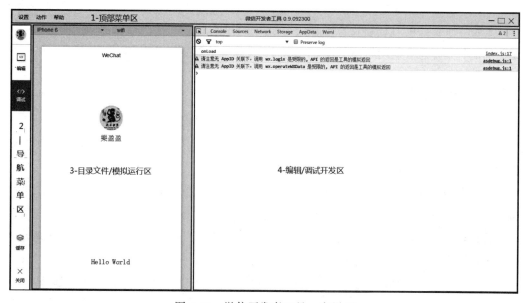

图 1-11　微信开发者工具 – 主界面

开发者工具界面基本划分为四大区域：1 区"顶部菜单"，2 区"导航菜单"，3 区"目录文件 / 模拟运行"，4 区"编辑 / 调试开发"。1 区与 2 区是固定的。3 区与 4 区会依据选择导航菜单区的不同功能或模式有所不同。

1 区"顶部菜单"最为简单，开发者使用到的机会也不多。"设置"是配置开发机运行程序时如何连接网络（见图 1-12）。"动作"是指"刷新""后退""前进"等操作，主要在网页或界面调试时使用。"帮助"则是本 Web 开发者工具的版本与版权声明等信息。

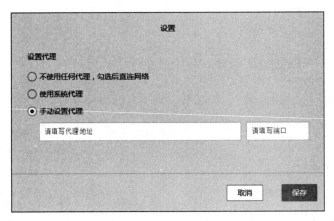

图 1-12　微信开发者工具 – 设置

2 区"导航菜单"是开发者经常切换使用的功能区。特别是其中的"编辑"与"调试"功能将是开发者使用最多的重要功能。下面重点介绍这两个功能。

1.3.2　编辑功能

我们先来看其中的"编辑"功能。点击"编辑"后出现的界面如图 1-13 所示。

原来的 3 区部分就变成了项目的目录与文件列表区，4 区部分则变成了对应所选文件的代码编辑区，我们也称之为代码编辑器。

微信开发者工具提供的代码编辑器，可以对当前项目对应文件进行编码工作，同时也可以对文件进行基本的添加、删除及重命名操作。

代码编辑器现在支持 4 种文件的编辑：wxml、wxss、js 以及 json 文件。当然编辑器支持了较为完善的自动补全功能，大大方便了开发者。

代码编辑器还支持快捷键操作，而且快捷键功能与行为基本保持与其他编辑器一致。比如光标相关快捷键操作如下：

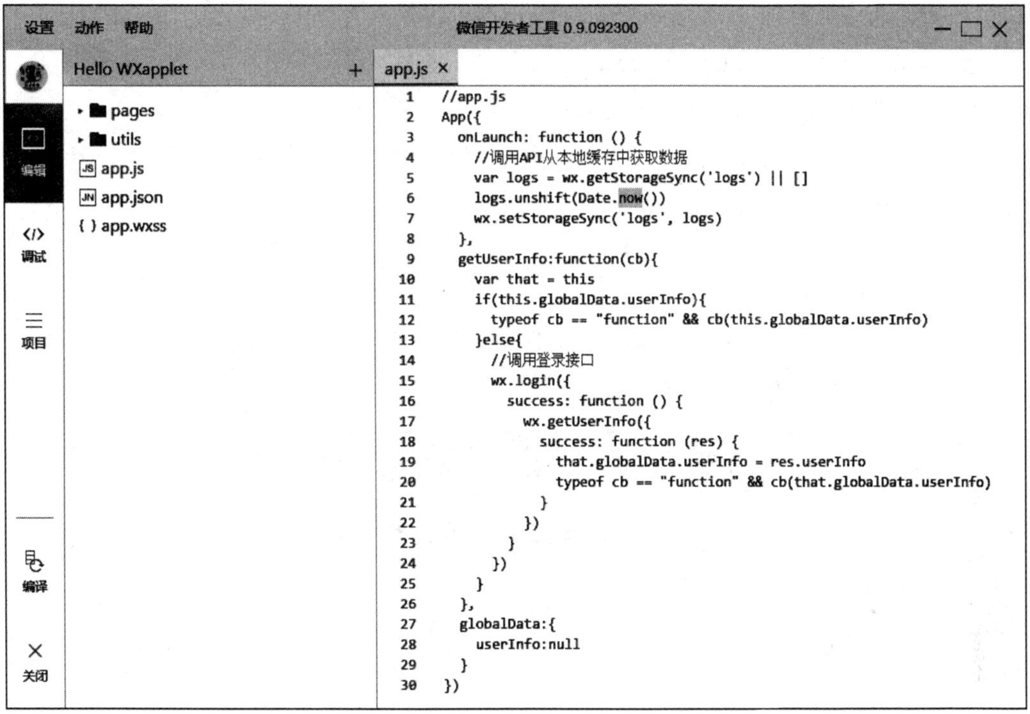

图 1-13　微信开发者工具 – 编辑

- Ctrl+End：移动到文件结尾。
- Ctrl+Home：移动到文件开头。
- Ctrl+i：选中当前行。
- Shift+End：选择从光标到行尾。
- Shift+Home：选择从行首到光标处。
- Ctrl+Shift+L：选中所有匹配。
- Ctrl+D：选中匹配。
- Ctrl+U：光标回退。

再比如，格式调整的快捷操作如下：

- Ctrl+S：保存文件。
- Ctrl+[，Ctrl+]：代码行缩进。
- Ctrl+Shift+[，Ctrl+Shift+]：折叠打开代码块。
- Ctrl+C，Ctrl+V：复制粘贴，如果没有选中任何文字则复制粘贴一行。
- Shift+Alt+F：代码格式化。

- Alt+Up，Alt+Down：上下移动一行。
- Shift+Alt+Up，Shift+Alt+Down：向上向下复制一行。
- Ctrl+Shift+Enter：在当前行上方插入一行。

快捷键可以说是程序开发者的至爱，编辑器也支持自定义快捷键。关于如何自定义快捷键，可参考下节"调试"功能中的"快捷键设置项"。

1.3.3 调试功能

我们再来看导航菜单区的"调试"功能，这是开发者检测代码结果实现与排查问题的核心工具，界面如图 1-14 所示。

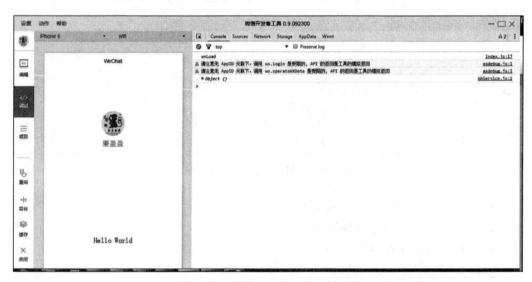

图 1-14　微信开发者工具 – 调试

我们看到，这时 3 区变成了"模拟器"，4 区变成了调试工具与输出区。

模拟器将如实地模拟微信小程序项目在客户端的逻辑与操作表现，绝大部分的功能与 API 调用均能在模拟器上正确呈现。

调试工具与输出区的顶部是一行菜单，分别是：Console、Sources、Network、Storage、AppData、Wxml，最右边的扩展菜单项是定制与控制开发工具钮"："。下面我们一一进行简单介绍。

> 🔍 **注意**　本章节涉及的代码及含义，读者若不理解也不需要在意，在这里主要了解菜单的功能与操作即可。

Console 页：控制台信息页，它有两个作用：

1）开发者直接在此输入代码并调试，如图 1-15 所示。

图 1-15　Console 页调试

2）显示小程序的错误输出，如图 1-16 所示。

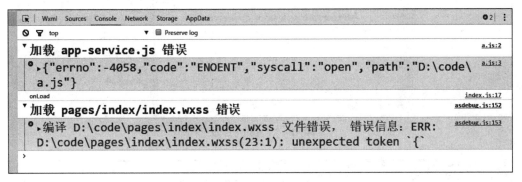

图 1-16　Console 页输出错误提示

Sources 页：源文件调试信息页，用于显示当前项目的脚本文件，如图 1-17 所示。

> **注意**　因为小程序框架会对脚本文件进行编译工作，在源文件页面中我们看到的文件其实是经过处理之后的脚本文件，所以我们编写的代码都被包含在 define 函数中。对于页面（page）的代码，则在打包脚本文件尾部，require 函数会完成主动调用动作。

Network 页：网络调试信息页，用于观察和显示每个元素请求信息和套接字（socket）状态等网络相关的详细信息，如图 1-18 所示。

Storage 页：数据存储信息页，用于显示当前项目使用存储 API（wx.setStorage 或 wx.setStorageSync）接口的数据存储情况。比如，我们在 Console 中输入：wx.setStorage（{key:"name",data:"Roeyxiong"}），则在 Storage 页面中就可以看到我们存储了一个 Key-Value 数据，如图 1-19 所示。

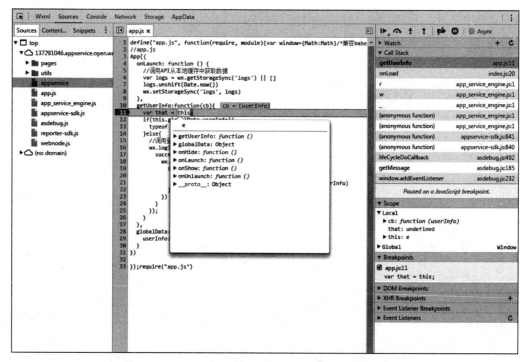

图 1-17　Sources 页

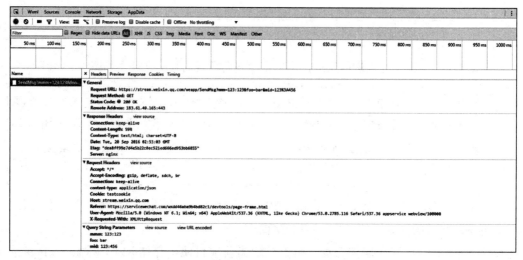

图 1-18　Network 页

AppData 页：用于调试显示当前小程序项目此时此刻的应用具体数据，实时地回显项目数据调整情况。即我们可在此处编辑修改数据，反馈到当前界面上去。比如，我们将"Hello World"这个字，改为"Hello WXApplet"，界面上马上就显示出相应的效果，如图 1-20 所示。

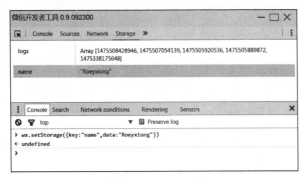

图 1-19　Storage 页

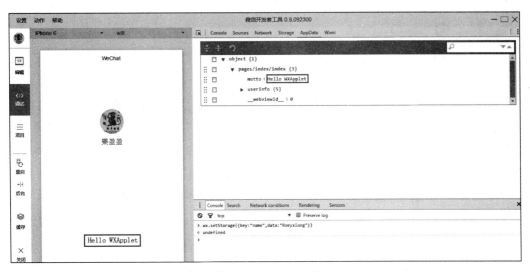

图 1-20　AppData 页

> **注意**　这里的调试修改并不会保存到代码中。

Wxml 页：用于帮助开发者调试 WXML 转化后的界面。通过这里的调试可以看到真实的页面结构及对应的 WXSS 属性，同时可通过修改对应的 WXSS 属性，在模拟器中即时查看修改后的情形。并且，可以通过调试区左上角的选择器 ⟦⟧，快速地找到页面中组件所对应的 WXML 代码，如图 1-21 所示。

例如，我们先点击①定位，在模拟器中选择定位点②，快速定位到 WXML 代码段③。

然后我们可以在最右边的样式④中进行修改调配，并立即查看效果。

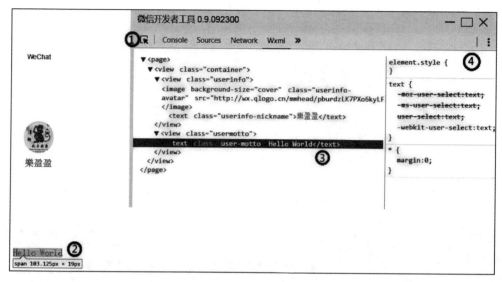

图 1-21　Wxml 页

最右边的扩展菜单项——定制与控制开发工具钮"："，主要包括开发工具的一些定制与设置，如"Show Console"（显示控制台页），"Search all files"（查找文件），"Shotcuts"（快捷键自定义或配置），"Settings"（开发者工具的环境参数设定，包括喜好 Preferences，工作区域 Workspace、黑箱 Blackboxing，支持模拟的手机设备型号 Devices，网络带宽及时延限制 Throttling 等），"Help"（帮助）以及"More tools"（更多工具）。这些工具包括：Inspect devices（检测设备）、Network conditions（网络条件）、Rendering settings（渲染设定）、Sensors（重力传感器）。这里不展开叙述，如图 1-22 所示。

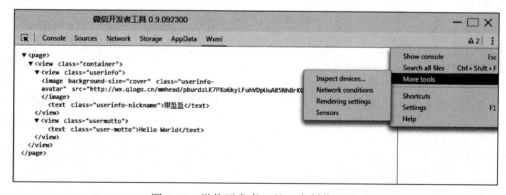

图 1-22　微信开发者工具 – 定制化配置

1.3.4　项目功能

导航菜单区的"项目"功能，用来显示当前项目的细节，包括图标、AppID 以及目录信息等。同时，提供了小程序发布功能（上传）与手机预览功能（预览）。

我们点击"预览"，开发者工具会将项目代码进行编译与构建，生成代码包上传到微信服务器，如图 1-23 所示。成功后会显示一个二维码，这样开发者就可以用手机微信扫描它，并在手机上看到小程序项目的真实表现。

图 1-23　微信开发者工具 – 项目

1.3.5　运行小程序

1. 调试预览

开发者可以在微信开发者工具中点击左侧导航"调试"功能，以便在模拟器中运行小程序，查看小程序运行效果。

2. 手机预览

开发者也可以将小程序上传到微信小程序平台中，让用户或测试与开发人员通过手机微信客户端来扫码，以装载小程序，并在微信客户端环境下运行。

3. 开发者手机预览

在开发者工具左侧菜单栏中选择"项目"，点击"预览"，扫码后即可在微信客户端中体验，如图 1-24 所示。

图 1-24　预览小程序

第 2 章　小程序初体验

上一章我们成功地创建了第一个示例小程序——Hello WXapplet。本章通过解析这个小程序项目，使大家尽可能对小程序有个全局的认知，包括小程序的框架、目录结构、开发步骤以及入口界面、示例代码的使用与运行等。

2.1　理解小程序

对于用户而言，小程序的直观表现只是多个相互关联的页面。我们的小程序 Hello WXapplet 也一样，它由 2 个相互关联的页面构成：首页（index）与信息页（logs）。点击首页的头像就切换到信息页，在信息页点击"返回"可以再返回到首页，如图 2-1 所示。

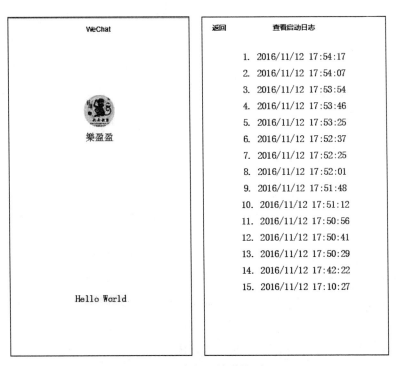

图 2-1　两个相互关联的页面

小程序的开发实际上就是实现这些页面的展示（视图），以及实现"页面上用户交互事件"、"页面间切换逻辑"、"数据存储及网络调用"等事务与逻辑处理的过程。

2.1.1　Hello WXapplet 项目目录及文件构成

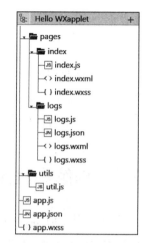

图 2-2　Hello WXapplet 项目的目录结构

我们先从文件目录结构上来了解 Hello WXapplet 项目的构成。点击开发者工具左侧导航的"编辑"，我们可以看到 Hello WXapplet 项目的目录结构及包含文件如图 2-2 所示。

目录结构显示：小程序项目在创建时的目录（示例的本地开发目录为："D:\小程序巧应用"）之下，包含 3 个 app 开头的文件（app.js、app.json、app.wxss）以及 pages 目录与 utils 目录。其中 pages 目录存放 2 个页面（index 与 logs）的构成文件。从示例中，我们看到：每个页面都是一个目录，目录名就是唯一的页面名，其下再由以页面名为前缀的 2 ~ 4 个文件组成。

对小程序的目录文件结构，我们可以归纳一下，如图 2-3 所示。

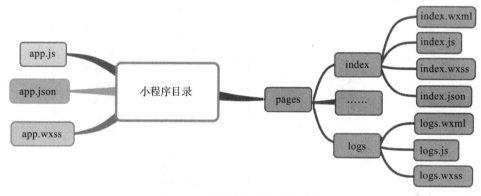

图 2-3　小程序的目录文件结构

左侧 3 个 app 文件必须放在小程序根目录下，其他文件则由开发者自由控制。这 3 个文件说明如下：

- app.js 是小程序的脚本代码，用来监听并处理小程序的生命周期函数、声明全局变量。
- app.json 是对整个小程序的全局配置，配置小程序是由哪些页面组成，配置小程序的窗口背景色等。

- app.wxss 是整个小程序的公共样式表。

其中 app.js 和 app.json 是必需的。

小程序页面是由同路径下同名但不同后缀的 2 ~ 4 个文件组成:

- .js 后缀的文件是页面脚本文件,该文件实现页面逻辑与事件处理。
- .json 后缀的文件是页面配置文件。
- .wxss 后缀的是页面样式表文件。
- .wxml 后缀的文件是页面结构文件,该文件与 .wxss 文件一起构建出页面。

其中 .js 与 .wxml 文件是必需的。

2.1.2 Hello WXapplet 项目的代码实现

我们再从代码层面了解 Hello WXapplet 项目的实现,根据小程序的目录结构,代码实现有两大部分——小程序实例与页面,下面分别介绍。

1. 小程序实例的代码实现

在 Web 开发者工具的"编辑"模式下,我们来看 Hello WXapplet 这个项目里的代码文件,最关键也必不可少的是 app.js、app.json、app.wxss 这三个文件,分别代表脚本文件、配置文件、样式表文件。微信小程序运行时会读取这些文件,并生成小程序实例。

app.js 是小程序的脚本代码,我们一般在这个文件中监听并处理小程序的生命周期函数、声明全局变量、调用框架提供的丰富的 API 等。如本例 app.js 文件中,我们调用了的同步存储及同步读取本地数据的 API——wx.setStorageSync() 及 wx.getStorageSync()。代码见程序清单 2-1。想了解更多可用 API,可参考本书第 5 章"API 接口的开发应用"。

程序清单 2-1 小程序 app.js

```
// app.js
App({
  onLaunch: function () {
  // 调用 API 从本地缓存中获取数据
    // 定义一个数组变量 logs
var logs = wx.getStorageSync('logs') || []
// 在数组 logs 的集合开头插入一个元素,值为当前时间
logs.unshift(Date.now())
// 将数组 logs 写入本地名为 logs 缓存块中
    wx.setStorageSync('logs', logs)
  },
  // 定义一个后面 index.js 中会调用到的函数,参数 cb 意为 callback,即回调函数 *
  getUserInfo:function(cb){
```

```
      var that = this;
if(this.globalData.userInfo){
  // 判断 cb 是否存在且为 function 类型，若是则传进参数调用 cb
      typeof cb == "function" && cb(this.globalData.userInfo)
    }else{
      // 调用登录接口
      wx.login({
        success: function () {
          wx.getUserInfo({
            success: function (res) {
              that.globalData.userInfo = res.userInfo;
              typeof cb == "function" && cb(that.globalData.userInfo)
            }
          })
        }
      });
    }
  },
  globalData:{
    userInfo:null
  }
})
```

> **注意**　没有编程基础的读者很容易被上述代码中的"回调函数"打蒙圈，这种情况建议先百度或 Google 了解一下"回调函数"的概念。

app.json 配置文件是对整个小程序的全局配置，代码见程序清单 2-2。开发者将在这个文件中配置小程序是由哪些页面组成、配置小程序的窗口背景色、配置导航条样式、配置默认标题等。

> **注意**　app.json 不可添加任何注释。

更多关于小程序的全局配置项可参考本书 3.1 节。

程序清单 2-2　小程序 app.json

```
{
  "pages":[
    "pages/index/index",
    "pages/logs/logs"
  ],
  "window":{
    "backgroundTextStyle":"light",
    "navigationBarBackgroundColor": "#fff",
```

```
    "navigationBarTitleText": "WeChat",
    "navigationBarTextStyle":"black"
  }
}
```

app.wxss 样式表文件是整个小程序的公共样式表，代码见程序清单 2-3。我们可以在页面"组件"的 class 属性上直接使用 app.wxss 中声明的样式规则。

关于 .wxss 文件中的样式规则可参考本书 3.3.2 节"wxss 详解"。

程序清单 2-3　小程序 app.wxss

```
/**app.wxss**/
.container {
  height: 100%;
  display: flex;
  flex-direction: column;
  align-items: center;
  justify-content: space-between;
  padding: 200rpx 0;
  box-sizing: border-box;
}
```

app.wxss 文件中上述程序代码定义了一个名为 container 的样式。

2. 小程序页面的代码实现

在我们创建的 Hello WXapplet 小程序项目中，包含两个页面——index 页面和 logs 页面，即首页和小程序启动日志的展示信息页，它们都在 pages 目录下。

每一个小程序页面可由同路径下同名的 2 ～ 4 个不同后缀文件组成，如：Hello WXapplet 小程序的 index 页面就由 pages 目录下 index 路径中 index.js、index.wxml、index.wxss、index.json 四个文件组成，它们分别是页面脚本文件、页面结构文件、页面样式表文件、页面配置文件。其中，.wxml 与 .js 文件是页面所必需的，而 .wxss 与 .json 文件则是可选的。

> **注意**　微信小程序中的每一个页面的"路径＋页面名"都需要写在 app.json 的 pages 中，且 pages 中的第一个页面是小程序的首页。
>
> 　　.wxml 文件与 .wxss 文件作为小程序开发框架的一部分，我们在本章后面会详细介绍。

下面分别介绍 index 页面与 logs 页面。

index.wxml 是页面的结构文件，代码见程序清单 2-4。

程序清单 2-4　页面结构 index.wxml

```
<!--index.wxml-->
<!-- 下一行代码使用 view 组件，构建样式为 container 的视图块 -->
<view class="container">
  <!-- 下一行代码使用 view 组件，构建样式为 userinfo 的视图块，并绑定 tap 事件到
    bindViewTap 事件处理函数，该事件处理函数在页面 js 文件定义 -->
  <view  bindtap="bindViewTap" class="userinfo">
    <!-- 下一行代码使用 image 组件，放置样式 userinfo-avatar 的图片，图片地址为变量
      userInfo.avatarUrl。形如 {{var}} 的变量，即双大括号包含的动态数据变量，其值
      来自页面 js 文件中的 data 对象 -->
<image class="userinfo-avatar" src="{{userInfo.avatarUrl}}" background-
  size="cover"></image>
    <text class="userinfo-nickname">{{userInfo.nickName}}</text>
  </view>
  <view class="usermotto">
    <text class="user-motto">{{motto}}</text>
  </view>
</view>
```

index.wxml 文件中使用了 <view/>、<image/>、<text/> 这三个组件来搭建页面结构，绑定数据和交互处理函数。有关页面组件的详细使用可以参考本书第 4 章。

index.js 是页面的脚本文件，代码见程序清单 2-5。我们在这个文件中监听并处理页面的生命周期函数 ~onLoad()，获取小程序实例 ~getApp()，声明并处理数据，响应页面交互事件等。

程序清单 2-5　页面脚本 index.js

```
// index.js
// 获取应用实例
var app = getApp()
Page({
  data: {
    motto: 'Hello World',
    userInfo: {}
  },
  // 事件处理函数
  bindViewTap: function() {
    wx.navigateTo({
      url: '../logs/logs'
    })
  },
  onLoad: function () {
    console.log('onLoad')
```

```
      var that = this
      // 调用应用实例的方法获取全局数据
      app.getUserInfo(function(userInfo){
        // 更新数据
        that.setData({
          userInfo:userInfo
        })
      })
    }
  })
```

从上面的代码我们可以知道，.js 文件是页面逻辑处理层。详细的逻辑层编码请参考本书 3.2 节。

index.wxss 是页面的样式表文件，代码见程序清单 2-6。

程序清单 2-6　页面样式 index.wxss

```
// index.wxss
.userinfo {
  display: flex;
  flex-direction: column;
  align-items: center;
}

.userinfo-avatar {
  width: 128rpx;
  height: 128rpx;
  margin: 20rpx;
  border-radius: 50%;
}

.userinfo-nickname {
  color: #aaa;
}

.usermotto {
  margin-top: 200px;
}
```

页面的样式表文件是非必要的。当页面有样式表文件时，文件中的样式规则会层叠覆盖 app.wxss 中的样式规则。否则，即使没有页面样式表文件，我们也可以在页面的结构文件中直接使用 app.wxss 中指定的样式规则。

index.json 是页面的配置文件。页面的配置文件同样是非必要的，而且只能配置 window 配置项的属性值。当页面有配置文件时，文件中的配置项在该页面上会覆盖 app.

json 的 window 中相同的配置项。若没有指定页面的配置文件，则在该页面直接使用 app.
json 中的默认配置项。更多配置文件编写与解析，可参考本书 3.1 节。

接下来我们再看看 logs 页面。logs.wxml 是 logs 页面的结构文件，代码见程序清单 2-7。

程序清单 2-7 页面结构 logs.wxml

```
<!--logs.wxml-->
<view class="container log-list">
  <!-- 以 for 循环的方式绑定数据，并指定数组元素的变量名为 log-->
  <block wx:for="{{logs}}" wx:for-item="log">
      <!-- 数组当前元素下标变量名默认为 index-->
    <text class="log-item">{{index + 1}}. {{log}}</text>
  </block>
</view>
```

logs 页面使用 <block/> 控制标签来组织代码，在 <block/> 上使用控制属性 wx:for 绑
定 logs 数据，并将 logs 数据循环展开节点。

> **注意**　上述代码中的 <block/> 并不是一个组件，它仅仅是一个包装元素，不会在
> 页面中做任何渲染，只接受控制属性（如 wx:for 或 wx:if）。

logs.js 是 logs 页面的脚本文件，代码见程序清单 2-8。

程序清单 2-8 页面脚本 logs.js

```
// logs.js
var util = require('../../utils/util.js')
Page({
  data: {
    logs: []
  },
  onLoad: function () {
    this.setData({
      // 对于 logs 数组的每个元素使用 map 方法：即调用匿名回调函数并返回包含结果的数组
      logs: (wx.getStorageSync('logs') || []).map(function (log) {
        return util.formatTime(new Date(log))
      })
    })
  }
})
```

上述脚本文件代码中，使用了 require() 来引入模块化 .js 脚本文件。关于模块化代
码，可参考本书 3.2.3 节。

2.2 小程序的线程架构与开发步骤

2.2.1 小程序线程架构

通过对小程序项目 Hello WXapplet 的解析，我们知道每个小程序包含一个描述整体程序的 app 实例和多个描述页面的 page。其中 app 由三个文件构成：公共配置 app.json、公共样式 app.wxss、主体逻辑 app.js。每个 page 最多由四个文件构成：页面配置 page.json、页面结构 page.wxml、页面样式 page.wxss、页面主体逻辑 page.js。

我们可以按需在 app.js 和 page.js 中添加程序在生命周期的每个阶段相应的事件。比如在页面 onLoad 的时候进行数据加载，onShow 的时候进行数据的更新。

典型的 app.js 代码结构如下：

```
App({
  onLaunch: function() {
    // 启动时执行的初始化工作
  },
  onShow: function() {
    // 小程序启动或从后台进入前台时，触发执行的操作
  },
  onHide: function() {
    // 小程序从前台进入后台时，触发执行的操作
  },
  globalConf: {
indexDate:'',
matchDate:''
  },
  dataCache: {},
globalData: 'I am global data'
})
```

典型的一个页面 page.js 代码结构：

```
Page({
  Data: {
Text:'This is page data.'
}
onLoad: function(options) {
  // 页面加载时执行的初始化工作
}
onReady: function() {
    // 页面就续后触发执行的操作
  },
  onShow: function() {
    // 页面打开时，触发执行的操作
```

```
  },
  onHide: function() {
    // 页面隐藏时，触发执行的操作
  },
  onUnload: function() {
    // 页面关闭时触发执行的操作
},
// Event handler
  viewTap: function() {
this.setData({
text:' set some data for updating view.'
})
  },
})
```

一个完整的小程序执行的生命周期如图 2-4 所示。

```
app.onLaunch -> app.onShow -> page1.onLoad -> page1.onShow -> page1.onReady
(打开程序，第一个页面 page1 加载完成)
-> page1.onHide -> page2.onLoad -> page2.onShow -> page2.onReady
(从第一个页面新打开 page2)
-> page2.onUnload -> page1.onShow -> ... -> app.onUnload
(关闭 page2，返回 page1 ... 退出小程序)
```

图 2-4　小程序的生命周期

一个 page 的生命周期从 onLoad 事件开始，整个生命周期内 onLoad、onReady、onUnload 这三个事件仅执行一次，而 onHide 和 onShow 事件在每次页面隐藏和显示时都会触发。当用户手动触发左上角的退出箭头时，小程序仅触发 app.onHide，下次进入小程序时会触发 app.onShow 以及当前 page.onShow。仅当小程序在后台运行超过一定时间未被唤起、或者用户手动在小程序的控制栏里点击退出程序、或者小程序内存占用过大被关闭时，小程序将被销毁，会触发 app.onUnload 事件。

小程序的线程架构示意如图 2-5 所示。

每个小程序分为 2 个线程，view 与 appSer-ver。其中 view 线程负责解析渲染页面（wxml 和wxss 文件），而 appServer 线程负责运行 js。appSer-ver 线程运行在 jsCore 中（安卓下运行在 X5 中，开发工具中运行在 nwjs 中）。由于 js 不跑在 WebView 里，就不能直接操纵 DOM 和 BOM，这就是小程序没有 window 全局变量的原因。

图 2-5　小程序线程架构示意图

2.2.2　小程序开发步骤

理解小程序的线程架构后，我们基本上可以归纳出一个小程序开发的主要步骤，涉及两大步骤：

1）创建小程序实例（定义、配置及页面执行关联）。即编写 3 个 app 前缀的文件，它们共同描述了整个小程序主体逻辑、生命周期及页面构成、样式等。小程序实例将由 appServer 线程执行。

2）创建页面（编写页面结构与事务处理逻辑）。在小程序中一个完整的页面（page）是由 .js、.json、.wxml、.wxss 这四个文件组成，每个界面 .js 和 .wxml 是必选项，其他两项是可选项。小程序页面中的 .wxss 与 .wxml 文件由 view 线程执行，.js 文件由 appServer 线程执行。

我们利用组件编写界面（UI）代码，以展现页面数据或内容视图，这部分代码就保存为页面的 wxml 文件：

- 微信小程序中的每一个页面的"路径＋页面名"都需要写在 app.json 文件里名为 pages 的配置项中，且 pages 配置项中的第一个页面是小程序的首页。
- .wxml 文件与 .wxss 文件是小程序开发框架的一部分，我们在后面的 2.3 节详细介绍。

2.2.3　为 Hello WXapplet 添加新页面及示例代码

我们将为 Hello WXapplet 小程序添加一个新页面"demo"，以帮助大家熟悉小程序代码编写步骤。

1）使用微信 Web 开发者工具，在"编辑"模式下，鼠标置于 pages 处，选择"＋"号添加"目录"，如添加一个名为"demo"的目录。如图 2-6 所示。

2）我们先为 demo 页面添加一个视图结构文件，即 demo.wxml，操作方法与添加目录类似：在微信 Web 开发者工具里，在"编辑"模式下，鼠标置于 pages 下的 demo 目录处，选择"＋"号来添加"文件"，如添加 demo.wxml 文件，将示例代码中相应的代码段放入该文件内，并保存。示例的 demo.wxml 代码见程序清单 2-9。

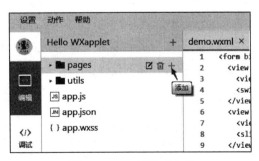

图 2-6　添加目录或文件

程序清单 2-9　页面结构 demo.wxml

```
// demo.wxml
<form bindsubmit="formSubmit" bindreset="formReset">
  <view class="section section_gap">
    <view class="section__title">switch</view>
    <switch name="switch"/>
  </view>
  <view class="section section_gap">
    <view class="section__title">slider</view>
    <slider name="slider" show-value ></slider>
  </view>

  <view class="section">
    <view class="section__title">input</view>
    <input name="input" placeholder="please input here" />
  </view>
  <view class="section section_gap">
    <view class="section__title">radio</view>
    <radio-group name="radio-group">
      <label><radio value="radio1"/>radio1</label>
      <label><radio value="radio2"/>radio2</label>
    </radio-group>
  </view>
  <view class="section section_gap">
    <view class="section__title">checkbox</view>
    <checkbox-group name="checkbox">
      <label><checkbox value="checkbox1"/>checkbox1</label>
      <label><checkbox value="checkbox2"/>checkbox2</label>
    </checkbox-group>
  </view>
  <view class="btn-area">
    <button formType="submit">Submit</button>
    <button formType="reset">Reset</button>
  </view>
</form>
```

上述代码通过使用表单组件，实现 demo 页面上显示表单元素。

3）接下来为页面添加一个 demo.js 文件，用作 demo 页面的逻辑处理，例如，我们在 demo.js 中放入如下代码：

```
// demo.js
Page({
  formSubmit: function(e) {
    console.log('form发生了submit事件，携带数据为：', e.detail.value)
  },
  formReset: function() {
    console.log('form发生了reset事件')
```

```
    }
})
```

代码实现在控制台上打出用户在 demo 页面上提交的表单数据。

4）然后，我们需要在 app.json 中 pages 配置项中添加 demo 页面，如下所示：

```
{
  "pages":[
    "pages/index/index",
    "pages/logs/logs",
// 新添加一个 demo 页面配置
    "pages/demo/demo"
  ],
  "window":{
    "backgroundTextStyle":"light",
    "navigationBarBackgroundColor": "#fff",
    "navigationBarTitleText": "WeChat",
    "navigationBarTextStyle":"black"
  },
  "debug":false
}
```

5）在小程序适当页面的 .wxml 中添加入口并在该页面的 .js 文件中添加到新页面的入口。例如，我们在 index.wxml 中添加到 demo 页面入口展现的代码：

```
<!--index.wxml-->
<view class="container">
  <view  bindtap="bindViewTap" class="userinfo">
    <image class="userinfo-avatar" src="{{userInfo.avatarUrl}}" background-size=
      "cover"></image>
    <text class="userinfo-nickname">{{userInfo.nickName}}</text>
  </view>
  <view id="tapTest" data-hi="MINA" bindtap="tapName">click me!</view>
// 添加到 demo 页面的入口展现并在其上绑定用户的点击事件
  <view id="tapDemo" bindtap="bindViewDemo">Demo 页 </view>
  <view class="usermotto">
    <text class="user-motto">{{motto}}</text>
  </view>
</view>
```

同时我们要在 index.js 中添加 bindViewDemo 事件处理逻辑：

```
// index.js
// 获取应用实例
var app = getApp()
Page({
  data: {
    motto: 'Hello World',
```

```
      userInfo: {}
    },
    // 事件处理函数
    bindViewTap: function() {
      wx.navigateTo({
        url: '../logs/logs'
      })
    },
    // 新添加的页面入口导航示例代码
    bindViewDemo: function() {
      wx.navigateTo({
        url: '../demo/demo'
      })
    },
    // 事件相应处理
    tapName: function(event) {
      console.log(event)
    },
    onLoad: function () {
      console.log('onLoad')
      var that = this
      // 调用应用实例的方法获取全局数据
      app.getUserInfo(function(userInfo){
        // 更新数据
        that.setData({
          userInfo:userInfo
        })
      })
    }
})
```

通过 demo 页面的编写，我们成功地为 Hello WXapplet 小程序新增加了一个功能页。本书中所有的代码示例，均可以类似按上述步骤增加 demo 页面，以便广大读者学习演练。

> **注意** 为确保读者熟悉小程序开发过程及代码编写，本书的所有示例代码（若有需要）均可使用开发者工具在测试项目中演练。演练示例代码需要特别**注意**的是：须区分示例代码的不同代码段，要分别对应放在页面的 .wxml、.js、.wxss 文件中，同时需要在适当页面添加入口并在 app.json 中注册该页面。

2.3　进一步了解小程序开发框架

微信团队为小程序提供的框架命名为 MINA 应用框架。MINA 框架通过封装微信客户端提供的文件系统、网络通信、任务管理、数据安全等基础功能，对上层提供一整套 JavaScript API，让开发者能够非常方便地使用微信客户端提供的各种基础功能与能力，快速构建一个应用。

2.3.1　MINA 框架

微信小程序框架示意图大致如图 2-7 所示。

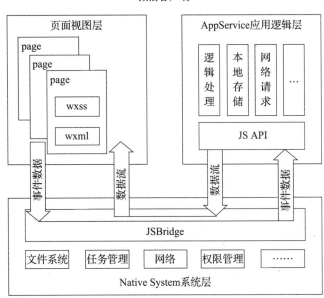

图 2-7　小程序 MINA 框架示意图

通过框架图我们可以看到两大部分：在页面视图层，wxml 是 MINA 提供的一套类似于 HTML 标签的语言以及一系列基础组件。开发者使用 wxml 文件来搭建页面的基本视图结构，使用 wxss 文件来控制页面的展现样式。AppService 应用逻辑层是 MINA 的服务中心，由微信客户端启用异步线程单独加载运行。页面渲染所需的数据、页面交互处理逻辑都在 AppService 中实现。MINA 框架中的 AppService 使用 JavaScript 来编写交互逻辑、网络请求、数据处理，但不能使用 JavaScript 中的 DOM 操作。小程序中的各个页面可以通过 AppService 实现数据管理、网络通信、应用生命周期管理和页面路由。

MINA 框架为页面组件提供了 bindtap、bindtouchstart 等事件监听相关的属性，来与 AppService 中的事件处理函数绑定在一起，实现页面向 AppService 层同步用户交互数据。MINA 框架同时提供了很多方法将 AppService 中的数据与页面进行单向绑定，当 AppService 中的数据变更时，会主动触发对应页面组件的重新渲染。MINA 使用 Virtual-DOM 技术，加快了页面的渲染效率。

框架的核心是一个响应的数据绑定系统，它让数据与视图非常简单地保持同步。当做数据修改的时候，只需要在逻辑层修改数据，视图层就会做相应的更新。我们通过这个简单的例子来看一下：

```
<!-- 页面视图层代码 -->
<view> Hello {{name}}! </view>
<button bindtap="changeName"> Click me! </button>

// App Service 应用逻辑代码
// 初始数据
var helloData = {
  name: 'WeChat'
}
// 注册页面
Page({
  data: helloData,
  changeName: function(e) {
    // 发送数据主视图层
    this.setData({
      name: 'MINA'
    })
  }
})
```

- 开发者通过框架将 AppService 应用逻辑层数据中的 name 与页面视图层名为 name 的变量进行了绑定，所以在页面一打开的时候会显示 Hello WeChat！

- 当点击按钮"Click me!"的时候，视图层会发送名为 changeName 的 tap 事件给逻辑层，逻辑层找到对应的事件处理函数 changeName。

- 逻辑层 changeName 函数执行了 setData 的操作，将变量 name 的值从 WeChat 变为 MINA，因为该 name 变量和视图层已经绑定了，从而视图层会自动改变为 Hello MINA！

微信小程序不仅在底层架构的运行机制上做了大量的优化，还在重功能（如 page 切换、tab 切换、多媒体、网络连接等）上使用接近于 native 的组件承载。

综上所述，微信小程序 MINA 有着接近原生 App 的运行速度，做了大量的框架层面的优化设计，对 Android 端和 iOS 端做出了高度一致的呈现，并且准备了完备的开发和调试工具。

2.3.2 目录结构

微信小程序典型的目录结构很简洁，一般在项目目录之下，包含 2 个目录（pages 目录与 utils 目录）及 3 个应用文件（app.js、app.json 与 app.wxss）。pages 目录下存放小程序各个展现页面，每个页面一个目录，包含 2 ~ 4 个文件（.js、.wxml、.wxss 及 .json 文件）。大体如图 2-8 所示。

pages 下包括所需的各个页面目录，utils 目录下则包含公共的 js 代码文件。开发者也可以按需创建其他的公共目录，如 images 目录，存放本地图片资源。

2.3.3 逻辑层

顾名思义，逻辑层是事务逻辑处理的地方。对于微信小程序而言，逻辑层就是所有 .js 脚本文件的集合。微信小程序在逻辑层将数据进行处理后发送给视图层，同时接受视图层的事件反馈。

微信小程序开发框架的逻辑层是由 JavaScript 编写。在 JavaScript 的基础上，微信团队做了一些适当的修改，以便更高效地开发小程序。主要的修改包括：

- 增加 app 和 page 方法，进行程序和页面的注册。
- 提供丰富的 API，如扫一扫、支付等微信特有能力。
- 每个页面有独立的作用域，并提供模块化能力。

逻辑层的实现就是编写各个页面的 .js 脚本文件。

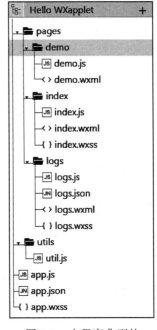

图 2-8 小程序典型的目录结构

小程序逻辑层由 js 编写，但并非运行在浏览器中，所以 JavaScript 在 Web 中的一些能力都将无法使用，比如 document、window 等，这也给我们开发带来相应的挑战。

我们开发者编写的所有代码最终将会打包成一份 JavaScript，并在小程序启动的时候运行，直到小程序销毁。这类似 ServiceWorker 或 webpack，所以逻辑层也称之为 App Service。

2.3.4 视图层

框架的视图层由 WXML（WeiXin Markup language）与 WXSS（WeiXin Style Sheet）编写，由组件来进行展示。于微信小程序而言，视图层就是所有 .wxml 文件与 .wxss 文件的集合：

- .wxml 文件用于描述页面的结构。

■ .wxss 文件用于描述页面的样式。

微信小程序在逻辑层将数据进行处理后发送给视图层展现出来，同时接受视图层的事件反馈。

视图层以给定的样式展现数据并反馈事件给逻辑层，而数据展现是以组件来进行的。组件（Component）是视图的基本组成单元。

2.3.5 数据层

数据层包括临时数据或缓存、文件存储、网络存储与调用。

1. 页面临时数据或缓存

在 Page() 中，我们要使用 setData 函数来将数据从逻辑层发送到视图层，同时改变对应的 this.data 的值。

> **注意**
> ■ this 是包含它的函数作为方法被调用时所属的对象，在小程序中一般指调用页面。
> ■ 直接修改 this.data 无效，无法改变页面的状态，还会造成数据不一致。
> ■ 单次设置的数据不能超过 1024KB，请尽量避免一次设置过多的数据。

setData() 函数的参数接受一个对象。以 key，value 的形式表示将 this.data 中的 key 对应的值改变成 value。其中 key 可以非常灵活，包括以数据路径的形式给出，如 array[2].message，a.b.c.d，并且无须在 this.data 中预先定义。

2. 文件存储（本地存储）

使用数据 API 接口，如下所示：

■ wx.getStorage：获取本地数据缓存。

■ wx.setStorage：设置本地数据缓存。

■ wx.clearStorage：清理本地数据缓存。

3. 网络存储或调用

上传或下载文件 API 接口，如下：

■ wx.request：发起网络请求。

■ wx.uploadFile：上传文件。

■ wx.downloadFile：下载文件。

调用 URL 的 API 接口，如下：

- wx.navigateTo：新窗口打开页面。
- wx.redirectTo：原窗口打开页面。

2.4　小程序的发布与使用

2.4.1　小程序预览、上传、审核与发布

一旦开发者对小程序项目的编码完成，经调试完毕后，就可以进行手机内预览及上传发布。

1. 预览

小程序的管理员或是开发者可点击 Web 开发者工具左侧 "项目"，进入上传 / 预览页面。点击 "预览"，开发者可用本人微信扫码，在手机内预览小程序的效果，如图 2-9 所示。

> **注意**　开发工具上的二维码仅限于登录开发工具的开发者本人可以扫码并预览，其他人无法扫码预览。请用微信客户端 iOS 或 Android 的 6.3.27 及以上版本才可以扫码预览。

图 2-9　预览小程序的效果

2. 上传代码

小程序的管理员可点击左侧"项目"，进入上传／预览页面，使用管理员本人微信号扫码确认上传，如图 2-10 所示。

 注意 只有管理员有权限可以上传，开发者没有权限上传。

图 2-10　上传小程序代码至微信云端

代码上传后可在微信公众平台（mp.weixin.qq.com）的开发管理页面中看到对应提交的版本。

3. 代码提交审核

登录微信公众平台小程序，进入开发管理，开发版本中展示已上传的代码，管理员可提交审核或是删除代码。

进入"开发版本"详情页，选择提交审核。进行"审核信息填写""绑定测试账号（选填）"以及"配置功能页面"。其中：

- 测试微信账号：是提供给微信审核人员审核微信小程序时登录使用的。该测试微信号需能够体验小程序的全部功能，因此，请不要使用常用微信号。
- 配置功能页面：是为了用户可以快速搜索出小程序。在这里需要填写重要业务页面的类目与标签。重要业务页面组数不多于 5 组。如图 2-11 所示。

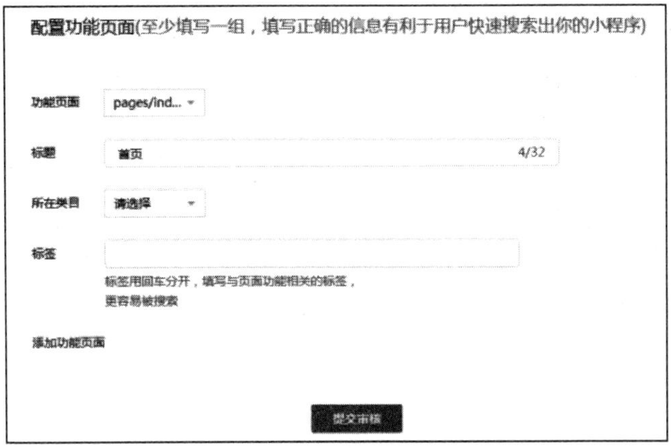

图 2-11　提交审核

由于大小限制关系，若代码包大小超过 1024kb，在提交审核时，开发者工具会给出超出大小限制的提示，如下所示：

上面这条是出错信息，意思是超出了 64kb。已确认目前最大为 1024kb，1088kb − 1024kb = 64kb。

提交审核完成后，开发管理页中审核版本模块展示审核进度。

> **注意**　提交审核后，不一定能通过微信团队的小程序审核，开发者可参考附录 B"微信小程序平台常见拒绝情形"，详细了解审核标准。

4. 代码发布

代码审核通过后，需要开发者手动点击"发布"，小程序才会发布到线上提供服务。

2.4.2　小程序加载运行

整个微信小程序发布、用户使用加载的流程示意图如图 2-12 所示。

小程序通过微信团队审核发布后，会同步到微信云端。最终用户通过某个入口，关注到该小程序。第一次运行时要经过短暂的代码下载过程（将所有资源下载到本地），即可在用户的微信中运行。

小程序在用户的微信中启动，相当于开启一个 WebView，这与 HTML5 不一样，在一定的时间内除非手动关闭，即使返回打开另一个小程序，原来的小程序也一直以后台的形式运行在内存里，即在后台运行。

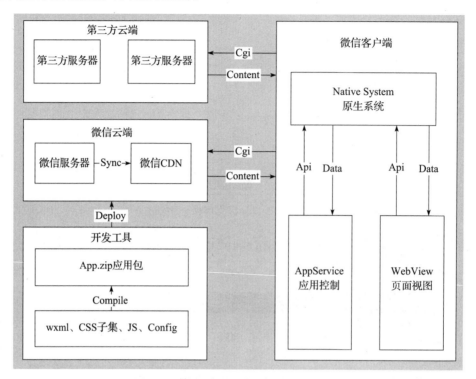

图 2-12　小程序发布与运行加载的流程

　　小程序的版本更新将在启动时进行。首先与微信客户端版本进行对比是否有新版本，若有则小程序更新后再运行；否则，直接使用本地资源运行。

2.5　深入理解小程序的应用场景

2.5.1　小程序入口与界面

1. 入口
最终用户可选择以下 4 种入口之一进行使用：

- 扫给定二维码扫描进入。
- 搜索框中精确或模糊搜索小程序名后点击使用。
- 使用过的小程序，在"微信→发现→小程序"进入。Android 系统可自定义保存在桌面上（快捷方式）。

■ 来自聊天窗口（单聊或群聊）其他朋友的分享。

作为开发者，除上述预测的入口外，还可以通过以下 2 种入口之一进行使用：

■ 在电脑上运行"微信 Web 开发者工具"→左侧导航"调试"，直接模拟使用。

■ 通过"微信 Web 开发者工具"→左侧导航"项目"→使用手机微信扫码进行预览。

2. 界面与操作

微信小程序的开发是基于统一框架进行的，而框架提供了 App 开发的标准界面模板，因此，小程序的界面与操作具有以下特点：

■ 界面开发成本低，速度快。标准的视图层模板与组件使得开发快速，极大地节省了小程序 UI（用户界面）的开发成本。

■ 风格可控。具有相当一致的界面体验，如图 2-13 所示。

■ 操作简单。由于与微信客户端有极其类似的操作行为，使得小程序易上手、易操作与使用。

■ 操作性能佳。具有接近原生 App 的性能。

图 2-13　风格一致的小程序界面示例

可见，微信小程序（应用号）在组件和 Web 之间取得了最佳的平衡，保证了应用的一致性和运行效率，同时又兼顾了开发的方便性。

2.5.2 小程序与 HTML 5 应用开发的差异

小程序开发与 HTML 5 应用（Web App）开发有一定的相似性，然而微信团队为小程序定义了新的文件格式，提供了微信底层 API 及基础组件，并对小程序的文件代码做编译解析，所以微信小程序并不是传统意义的 HTML 5 页面。具体到写代码上，小程序与 HTML 5 的开发主要区别有以下几点。

1. JavaScript 的限制

通过传入字符串来执行代码的能力都禁用了。出于安全考虑，凡是通过传入字符串来执行代码的能力都禁用了。具体被禁掉的原生功能有：new Function、eval、Generator。这同时也比较有效地避免了类似 HTML 5 中 XSS 的问题。禁掉的这些功能，对我们开发来说影响比较显著的应该是字符串转 json，以往我们都是通过 new Function、eval 来处理后台 CGI 的返回。移动端一般封装在 zepto 之类的框架中，而小程序开发需要改变一下具体实现。

与浏览器 BOM（Browser Object Model，浏览器对象模型）相关的 API 都没有。由于小程序框架并非运行在浏览器中，所以 JavaScript 在 Web 中的一些能力都将无法使用，比如 document、window 等，但在这些 BOM 中，对开发影响最大的应该是没有 cookie。因为其他功能例如 storage，在 MINA 中有类似的处理方法，而 cookie 在 Web 开发中是与后台登录相关的。小程序中是没有 cookie 的，为了兼容目前大部分 Web App 的登录管理时使用 cookie 的，小程序在请求发送时，客户端可以动态地给请求设置 Header 发送报文的 cookie。实现代码类似于如下代码：

```
wx.request({
  header: { cookie: 'xxx' },
  url:"xxx",
  data:{},
  success:function(res){},
  fail:function(res){}
});
```

> 注意　cookie 本身不能在客户端进行读写。

因为没有 cookie，HTML5 中的 CSRF（Cross-Site Request Forgery，跨站请求伪造）问题在理论上是根本解决了。小程序是否存在其他客户端安全问题，尚需要技术与时间来检验。

2. 小程序开发相比 HTML5 的改进优化

登录方面：HTML 5 中，通过微信授权一般采用 URL 重定向的方式获取代码；在小程序中，通过 wx.login 获取代码，这样避免了之前登录重定向的问题。

存储方面：小程序用 storage 替代了 HTML 5 中的 localstorage、sessionstorage。storage 对每个小程序的大小是 5M，支持同步和异步。

微信支付路径不再受限。

3. 小程序开发相比 HTML5 开发不方便的地方

不方便的地方有明显两点：

- 每个页面需要手动在 app.json 中进行注册。如果没有注册，是不执行该页面的。
- 打开的页面有 5 个限制，在开发时需要注意控制打开页面的数量。

另外，关于微信团队为小程序重新定义的 WXML 文件、WXSS 文件的开发编写与传统 HTML、CSS 文件的差异，我们会在后面的章节进行对比解析。

总体而言，微信小程序是一种介于原生 App 和 Web App 的混合体。通过微信进行加载，实现类似原生 App 的流畅性。相对原生 App 来说，小程序更加轻量、更加实时、跨平台；相对 Web App 来说，小程序资源离线，体验更流畅。

2.5.3　小程序的最佳应用场景

我们按照用户对服务的使用频度及服务的重要级别，将小程序应用场景用四象限划分，如图 2-14 所示。

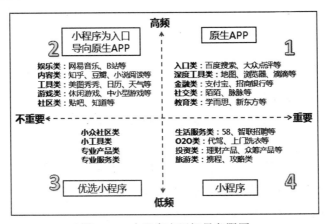

图 2-14　小程序应用场景象限图

基本上，当前市场上 70% 以上的应用场景均可使用小程序来开发。这也应验了：移动互联网时代，小程序可以大展身手。特别是刚需、低频场景的服务，比如酒店预定、火车票 / 机票预订、招聘、理财、充值、彩票等，最适合使用微信小程序。

2.5.4　小程序对企业、开发者的意义与影响

移动互联网时代，小程序的出现，对开发者、企业、组织机构而言，都是重大利好。表现在：

- **帮助他们发掘移动化的服务场景。**天然可以使用微信的支付功能，业务闭环更易实现。
- **跨平台，体验流畅。**微信客户端底层封装，完全支持跨 iOS 与 Andriod 平台；页面仿原生，体验更为流畅。
- **开发成本低。**小程序的开发比 HTML5（Web App）开发成本还低，且前端资源存入、发布运维（联合腾讯云使用）都可集成在微信中。若通读本书，相信读者可以熟练开发出功能实用的小程序。移动时代的开发不再有门槛。
- **用户使用获取成本低。**小程序是微信连接生态的一环，天然连接 8 亿以上月活用户；小程序即开即用，无下载门槛；而且可以很方便地在微信中分享给朋友。要知道，移动互联网时代，不仅是要与同类产品竞争，还要与所有产品竞争用户的时间。

当然，小程序也存有一些小小局限，包括：

- 开发基于微信团队给定的框架，部分功能受限，当前不支持现有其他第三方插件。整个生态目前也不成熟，语法及调试环境对熟练的开发者反而会有阵痛期。
- 小程序页面只能同时打开 5 个，对交互流程较长的业务场景支持有难度。
- 当前小程序包大小限制为 1M，显然较适合轻量级业务。

2.5.5　开发者角色与技能要求

小程序基本的开发主要还是基于 JavaScript 来做逻辑层的开发，用 WXML（微信自定义的一个类 HTML 的描述性语言）来做页面布局，用 WXSS（类 CSS，相当于 CSS 的子集，但也引入了一些新特性）来做页面的样式，微信小程序的框架，在视图层和逻辑层间提供了数据传输和事件绑定的处理，可以很好地保持视图和数据的同步更新。所以开发者可以把重心聚焦在数据与逻辑交互的实现上。

小程序这样的开发模式，对于有 HTML5 开发经验的开发者来说，阅读完微信小程

序的开发文档，就可以比较容易地上手了。但反过来，由于以前 HTML5 的开发经验，刚刚开始开发微信小程序的时候还是会有一些不习惯的地方，比如不能操作 DOM，没有 window 变量和方法。

我们从微信小程序前端开发工程师（工作职责：负责微信小程序开发框架日常维护、新特性开发）的招聘需求，可以看出熟练进行小程序开发，需要具备的技能要求如下：

- 精通 HTML、CSS 和 JavaScript，具备框架设计能力。
- 有完整的大型前端项目经验。
- 精通 JavaScript，深入了解过 React、Vue 等框架。
- 精通 Node.js 开发。
- 熟练掌握前端构建工具如 grunt、gulp、webpack。
- 对 Web 安全有深入理解。
- 对 Chrome 远程调试协议有深入了解者更佳。
- 对 Native 技术有涉足者更佳。

2.5.6　小程序的能与不能

2016 年 12 月 28 日，广州举行的"2017 微信公开课 PRO"活动现场，"微信之父"张小龙回顾了小程序一年来的发展历程，介绍了微信小程序的产品理念，并畅想了未来移动互联网的下一站：应用形态以及信息获取将是唾手可得。小程序显然符合这一种趋势。

在全面诠释小程序特性、意义及定位之后，小龙特别解答了大家对小程序最关心的八个问题。这八个问题会影响小程序开发的初衷与方向，因此我们觉得有必要在这里为大家做一些解读。

第一个问题：小程序的入口在哪里？

答案：小程序在微信里是"没有"入口的。

如同微信公众号一样，没有"关注"（运行）之前，它在微信里没有入口。微信倡导的是去中心化结构，不会在其中设置专门的入口、分类、排行以及推荐。

小程序真正的入口不在微信里面，而是在二维码上，扫一扫即可启动小程序。这要求开发者或者服务商要想办法将小程序的二维码铺到尽可能多的地方去。

由于小程序突出使用二维码，微信里面会对于线下的店会有一些提示。在目前阶段，微信团队允许轻量地让用户能够看到在他附近还有哪些小程序存在，即利用 LBS 可查看到附近有哪些提供服务的店也有小程序，比如在三公里以外有一个士多店，那么用户可以看到并立即打开它的小程序，然后买一点什么东西，这是很有可能的。

第二个问题：是否有类似于小程序商店的地方可以下载小程序？

答案：没有。

小程序是无需安装的，没有下载过程，所以不存在类似应用商店的地方下载小程序。开发者只需结合好小程序的使用场景，全力做好小程序的功能与服务的实现。

至于用户如何找到所需的小程序，这就涉及小程序的查找或搜索。本书 2.4.1 节中介绍到小程序的代码提交审核发布，其中"配置功能页"填写重要业务页面的类目与标签就非常重要，可以帮助用户快速查找或搜索到小程序。

第三个问题：小程序与订阅号的关系？

答案：相互独立，小程序是新的形态。

订阅号会获得订阅用户（即粉丝）的关注，一般大家以粉丝数来判断订阅号的价值。但小程序则类似于 PC 互联网时代的网站，用户访问时并不需要成为网站的粉丝，因此它只有访问量的概念。所以想吸粉的小程序是无效的，真正解决用户需要的优秀小程序才会被用户使用与记住。

第四个问题：小程序能不能推送消息？

答案：不能。但允许为主动需要后续通知的用户，在严格能力限制的情况下发送模板消息。

类似 PC 互联网时代，用户访问一个网站可能会留下自己邮件地址，以便服务提供者后续为用户所需的服务发送一个邮件，然而这可能会被服务商滥用，从而造成用户可能收到很多垃圾邮件。微信小程序希望在满足用户主动需要的服务时，避免被滥用，提供了非常严格与受限的通知能力。

第五个问题：小程序能不能分享？

答案：不能分享的朋友圈，但可以分享到个人聊天或群里。

分享给好友或分享到群里想象空间巨大，这意味着群里面的每个人都可以立即启动这个小程序，未来这可能是一种新的协作方式。

举一个例子，当把一个投票的小程序发到群里的时候，意味着群里面的每个人可以立即启动投票，而且每个人可以看到其他人的状态与进展。这样基于群共享的群任务，具备每个人的登录状态及相互可看，可以想象得到，未来会出现及存在非常多的、协作式的小程序服务或功能。

另外，好友或群里的小程序分享，可以具体到小程序的某个页面（即"小程序页"的概念），这是一个生动的、鲜活的数据，用户甚至不需要运行程小程序也能看到小程序的表现。比如一个股票的小程序，用户可以在某个群里面分享当前所看到的 0700 股票的这一页（小程序页）。群里面的人看到的也是 0700 这个股票的小程序页，它是一个鲜活的数据，是分享用户当前看的信息。这种协作式的任务，将会对小程序的应用起到很大的帮助，我们可以在里面构思出非常多的需要群组一起完成任务的小程序。这样的分享与协作，非常令人期待。

第六个问题：小程序能不能做游戏？

答案：现在暂时不能。

小程序是微信生态中非常具有想像空间的一环，其实并不排除未来会出现基于小程序的特殊形态的"游戏"。

第七个问题：小程序能不能被搜索到？

答案：可以。

用户能搜到小程序，但是会极力限制微信里搜索小程序的能力，避免它滥用，尽可能让用户在微信里面能够搜索得到他所需要的小程序。

第八个问题：小程序和公众号的关系是怎么样的？

答案：没有关系，相互独立。

当然，若公众号与小程序为同一企业开发的，那么可以通过查询开发商而知晓其开发的小程序或者其拥有的公众号，这可能是小程序与公众号仅有的关联关系。即：在某个公众号里面可看到开发该公众号的同一个企业还做了哪些小程序，或者在某个小程序里面也可以看到，做该小程序的企业还做了哪些公众号，他们是可以互相跳的。

最后，在"2017 微信公开课 PRO"活动现场，微信团队还提述了微信小程序的七大能力：

- **线下扫码**：用户可以在小程序中使用"扫一扫"功能。
- **对话分享**：用户可以分享小程序或其中的任何一个页面给好友或群聊。
- **消息通知**：商户可以发送模板消息给接受过服务的用户，用户可以在小程序内联系客服，支持文字和图片。
- **小程序切换**：用户可以在使用小程序的过程中快速返回聊天。
- **历史列表**：用户使用过的小程序会被放入列表，方便下次使用。
- **公众号关联**：微信小程序可与公众号进行关联。

■ **搜索查找**：用户可直接根据名称或品牌搜索小程序。

上面的七大能力中在前面已经解读了大多数，我们再补充解读一下"小程序切换"与"历史列表"。

"小程序切换"指小程序运行是全屏的，界面其实很像一个单独的 APP，但进入之后不会打断聊天，而且再次进入时，就是之前离开时的页面。特别是在安卓上面，就是一个小小的程序在运行，而且可同时运行多个，并相互切换。

"历史列表"指用户启动或使用过的小程序会放入微信会话列表，与公众号关注了一样，可以方便下次使用或查找。

让我们朝移动互联网的下一站出发。

第 3 章　小程序开发基础

本章将按照小程序框架的构成，阐述小程序开发所需的基础知识，包括配置、函数方法、语言与语法、事件及其处理、模块、数据绑定、样式展现等。这部分内容对小程序开发者而言，是必须掌握的部分。

3.1　配置

3.1.1　全局配置 ~app.json

微信小程序的全局配置保存在 app.json 文件中。开发者通过使用 app.json 来配置页面文件（pages）的路径、窗口（window）表现、设定网络超时时间值（networkTimeout）以及配置多个切换页（tarBar）等。

程序清单 3-1 是一个典型的全局配置 app.json 文件内容。

程序清单 3-1　全局配置 app.json

```
{
  "pages": [
    "pages/index/index",
    "pages/logs/index"
  ],
  "window": {
    "navigationBarTitleText": "Demo"
  },
  "tabBar": {
    "list": [{
      "pagePath": "pages/index/index",
      "text": " 首页 "
    }, {
      "pagePath": "pages/logs/logs",
      "text": " 日志 "
    }]
  },
  "networkTimeout": {
    "request": 10000,
    "downloadFile": 10000
  },
```

```
    "debug": true
}
```

从上面文件内容可以看到，app.json 中的全局配置项并不多。但每个配置项的数据类型并不相同，也并非都是必需的。表 3-1 列出了各全局配置项的相关描述。

表 3-1　全局配置项及其描述

配置项	类　型	必　填	描　述
pages	Array	是	设置页面路径
window	Object	否	设置默认页面的窗口表现
tabBar	Object	否	设置底部 tab 的表现
networkTimeout	Object	否	设置网络超时时间
debug	Boolean	否	设置是否开启 debug 模式

1. pages 配置项

pages 配置项接受一个数组，用来指定小程序由哪些页面组成，是必需的配置项。数组的每一项都是字符串，代表对应页面的"路径 + 文件名"信息。

pages 配置项要注意三点：

1）数组的第一项用于设定小程序的初始页面，即小程序启动页。

2）小程序中新增 / 减少页面，都需要对 pages 数组进行修改。

3）文件名不需要写文件后缀。小程序框架会自动去寻找路径 .json、.js、.wxml、.wxss 这四类文件进行整合。

举例如下，假定我们的开发目录与文件列表如下：

```
pages/
pages/index/index.wxml
pages/index/index.js
pages/index/index.wxss
pages/logs/logs.wxml
pages/logs/logs.js
app.js
app.json
app.wxss
```

那么，只需要在 app.json 中写入如下 pages 的配置即可：

```
{
  "pages":[
    "pages/index/index"
    "pages/logs/logs"
  ]
```

```
}
```

2. window 配置项

window 配置项接受对象值，用来设置小程序的状态栏、导航条、标题、窗口等对象的颜色、背景色、内容属性，非必填配置项。没有配置时将使用默认值。window 可配置的对象参见表 3-2。

表 3-2　window 配置项及其描述

对　象	类　型	默认值	描　述
navigationBarBackgroundColor	HexColor	#000000	导航栏背景颜色，如"#000000"
navigationBarTextStyle	String	white	导航栏标题颜色，仅支持 black/white
navigationBarTitleText	String		导航栏标题文字内容
backgroundColor	HexColor	#ffffff	窗口的背景色
backgroundTextStyle	String	dark	下拉背景字体、loading 图的样式，仅支持 dark/light
enablePullDownRefresh	Boolean	false	是否开启下拉刷新

注：HexColor 为十六进制颜色值类型，如"#ff00ff"。

举例如下，我们在 app.json 中设置如下 window 配置项：

```
{
  "window":{
    "navigationBarBackgroundColor": "#ffffff",
    "navigationBarTextStyle": "black",
    "navigationBarTitleText": "微信接口功能演示",
    "backgroundColor": "#eeeeee",
    "backgroundTextStyle": "light"
  }
}
```

图 3-1　配置 window 项后的界面效果

则小程序的界面效果如图 3-1 所示。

3. tabBar 配置项

小程序可以是多标签页切换的应用，这种情况下，就需要通过 tabBar 配置项来指定标签页的表现，及标签页切换时所显示的对应页面，参见表 3-3。

表 3-3　tabBar 配置项及其描述

对　象	类　型	必　填	默认值	描　述
color	HexColor	是		标签页上的文字默认颜色
selectedColor	HexColor	是		标签页上的文字选中时的颜色

（续）

对　象	类　型	必　填	默认值	描　述
backgroundColor	HexColor	是		标签页的背景色
borderStyle	String	否	black	标签条之上的框线颜色，仅支持 black/white
list	Array	是		标签页列表，支持最少 2 个、最多 5 个标签页
position	String	否	bottom	可选值 bottom、top

tabBar 配置项接受多个对象的设定，其中的对象 list（列表）是一个数组，用于配置标签页。

 注意 只能配置最少 2 个、最多 5 个标签页。标签页按数组的顺序排序。

list（列表）接受数组值，数组中的每一项也都是一个对象。对象的数据值说明如下：

对　象	类型	必填	描　述
pagePath	String	是	页面路径，必须在 pages 中先定义。
text	String	是	标签页上按钮文字。
iconPath	String	是	标签上 icon 图片路径，icon 图片大小限制为 40KB。
selectedIconPath	String	是	选中标签时的 icon 图片路径，icon 图片大小限制为 40KB。

例如，某小程序设置了 2 个标签页，代码如下：

```
{
  "tabBar": {
  "color":"#dddddd",
  "selectedColor":"#3cc51f",
  "borderStyle":"black",
  "backgroundColor":"#ffffff",
    "list": [{
      "pagePath": "pages/components ",
      "iconPath": "pages/images/components.png",
  "selectedIconPath": "pages/images/componentsHL.png",
  "text": " 组件 "
    }, {
    "pagePath": "pages/interface",
    "iconPath": "pages/images/interface.png",
  "selectedIconPath": "pages/images/interfaceHL.png",
  "text": " 接口 "
    }]
  }
}
```

界面效果大致如图 3-2 所示。

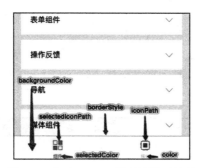

图 3-2　配置 tabBar 项后的界面效果

4. networkTimeout 配置项

networkTimeout 配置项用于设置各种网络请求对象的超时时间，非必须配置项。可设置的网络请求超时的相关对象有 request、connectSocket、uploadFile、downloadFile。超时的单位均为毫秒。这些超时若不设置，则默认使用操作系统内核或遵循服务器 WebServer 的设定值。具体说明参见表 3-4。

表 3-4　networkTimeout 配置项及其描述

对　象	类　型	必　填	描　　述
request	Number	否	wx.request 的超时时间，单位为 ms
connectSocket	Number	否	wx.connectSocket 的超时时间，单位为 ms
uploadFile	Number	否	wx.uploadFile 的超时时间，单位为 ms
downloadFile	Number	否	wx.downloadFile 的超时时间，单位为 ms

比如，为提高网络响应效率，我们可以在 app.json 中使用下列超时设置：

```
{
  "networkTimeout": {
  "request":30000,
  "connectSocket":30000,
  "uploadFile":30000,
  "downloadFile":30000
  }
}
```

5. debug 配置项

debug 配置项用于开启开发者工具的调试模式，它接受一个 boolean 值（默认值是 false）。开启后，页面（page）的注册、页面路由、数据更新、事件触发等调试信息将以 info 的形式，输出在"调试"功能的 console（控制台）面板上。

比如，以下配置为打开调试模式：

```
{
  "debug": true
}
```

这时候我们在"调试"功能下重启小程序，在 Console 页面上可以看到更多的信息，如图 3-3 所示。

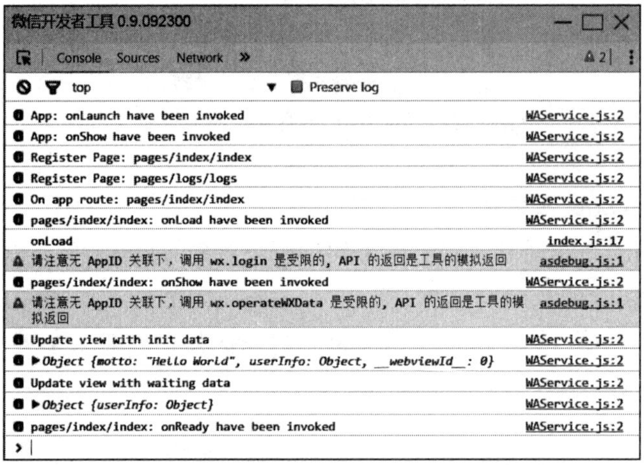

图 3-3 "调试"小程序时的控制台信息输出

毫无疑问，这对开发者快速定位一些常见问题很有帮助。但请注意：在正式发布时应当关闭此配置项开关。

3.1.2 页面配置 ~page.json

除了全局的 app.json 配置外，还可以 .json 文件对小程序项目中的每一个页面进行配置，但只能设置本页面的窗口表现。也就是说，页面 .json 文件配置比 app.json 配置简单得多，只能设置 window 配置项的内容。显然页面 .json 文件中的 window 配置值将覆盖 app.json 中的配置值。

页面 .json 文件只能设置 window 配置项，以决定本页面的窗口表现，所以配置中也无需写 window 这个键值。页面 window 配置项可设置的对象参见表 3-2。下面是一个典型的页面 .json 文件内容：

```
{
  "navigationBarBackgroundColor": "#ffffff",
  "navigationBarTextStyle": "black",
  "navigationBarTitleText": " 微信接口功能演示 ",
  "backgroundColor": "#eeeeee",
```

```
    "backgroundTextStyle": "light"
}
```

3.2　逻辑层

逻辑层，顾名思义，是事务逻辑处理的地方。对于微信小程序而言，逻辑层就是所有 .js 脚本文件的集合。微信小程序在逻辑层将数据进行处理后发送给视图层，同时接受视图层的事件反馈。

微信小程序开发框架的逻辑层是由 JavaScript 编写。在 JavaScript 的基础上，微信团队做了一些适当地修改，以便更高效地开发小程序。主要的修改包括：

- 增加 App 和 Page 方法，进行程序和页面的注册。
- 增加 getApp 和 getCurrentPage 方法，分别用于获取 App 实例和当前页面。
- 提供丰富的 API，如扫一扫、支付等微信特有能力。
- 每个页面有独立的作用域，并提供模块化能力。

但同时，由于框架并非运行在浏览器中，所以 JavaScript 在 Web 中的一些能力都将无法使用，比如 document、window 等，这也给开发带来相应的挑战。

逻辑层的实现就是编写各个页面的 .js 脚本文件。开发者编写的所有代码最终将会打包成一份 JavaScript，并在小程序启动的时候运行，直到小程序销毁。类似 ServiceWorker，所以逻辑层也称为 App Service。

3.2.1　注册程序 ~App() 方法

在逻辑层，App() 方法用来注册一个小程序。App() 接受一个 object 参数，用于指定小程序的生命周期函数等。App() 方法有且仅有一个，存在于 app.js 中。object 参数说明参见表 3-5。

表 3-5　App() 的 object 参数及其描述

参　数	类　型	描　述	触发时机
onLaunch	Function	生命周期函数——监听小程序初始化	当小程序初始化完成时，会触发 onLaunch（全局只触发一次）
onShow	Function	生命周期函数——监听小程序显示	当小程序启动，或从后台进入前台显示，会触发 onShow
onHide	Function	生命周期函数——监听小程序隐藏	当小程序从前台进入后台，会触发 onHide
onError	Function	错误监听函数	当小程序发生脚本错误，或者 API 调用失败时，会触发 onError 并带上错误信息
其他	Any	开发者可以添加任意的函数或数据到 Object 参数中，用 this 可以访问	

> **注意** onLaunch 函数全局只触发一次。

前台、后台： 用户当前界面运行或操作小程序时为前台；当用户点击左上角关闭，或者按了设备 Home 键离开微信，小程序并没有直接销毁，而是进入了后台；当再次进入微信或再次打开小程序，又会从后台进入前台。

销毁： 只有当小程序进入后台一定时间，或者系统资源占用过高，才会被真正销毁。此时代表小程序的生命周期结束。

示例代码如下：

```
App({
  onLaunch: function() {
    // 启动时执行的初始化工作
  },
  onShow: function() {
      // 小程序进入前台时执行的操作
  },
  onHide: function() {
      // 小程序进入后台时执行的操作
  },
  onError: function(msg) {
      console.log(msg)
  },
  globalData: 'I am global data'
})
```

微信团队为开发者提供了全局的 getApp() 函数，可以用来获取小程序实例。使用 getApp() 函数的示例代码如下：

```
// other.js
var appInstance = getApp()
console.log(appInstance.globalData) // I am global data
```

> **注意**
> ■ App() 方法须在 app.js 中注册，且不能注册多个。
> ■ 不要在定义 App() 内的函数中调用 getApp()，使用 this 就可以拿到 App 实例。
> ■ 通过 getApp() 获取实例之后，不要私自调用生命周期函数（如 onLaunch、onShow、onHide 等）。

3.2.2 注册页面 ~Page() 方法

在逻辑层，Page() 方法用来注册一个页面。Page() 接受一个 object 参数，用于指定页面的初始数据、生命周期函数、事件处理函数等。Page() 方法，每个页面有且仅有一个，存在于该页面的 .js 文件中。object 参数说明参见表 3-6。

表 3-6　Page() 的 object 参数及其描述

参　数	类　型	描　述
data	Object	页面的初始数据
onLoad	Function	生命周期函数——监听页面加载
onReady	Function	生命周期函数——监听页面初次渲染完成
onShow	Function	生命周期函数——监听页面显示
onHide	Function	生命周期函数——监听页面隐藏
onUnload	Function	生命周期函数——监听页面卸载
onPullDownRefreash	Function	页面相关事件处理函数——监听用户下拉动作
onReachBottom	Function	页面上拉触底事件的处理函数
onShareAppMessage	Function	用户点击右上角分享
其他	Any	开发者可以添加任意的函数或数据到 object 参数中，用 this 可以访问

Page() 方法示例代码如下：

```
// index.js
Page({
  data: {
    text: "This is page data."
  },
  onLoad: function(options) {
    // 页面加载时的初始化操作
  },
  onReady: function() {
    // 页面初次渲染完成时执行的操作
  },
  onShow: function() {
    // 页面显示时执行的操作
  },
  onHide: function() {
    // 页面隐藏时执行的操作
  },
  onUnload: function() {
    // 页面卸载 / 关闭时执行的操作
  },
  onPullDownRefresh: function() {
    // 用户在页面下拉时执行的操作
  },
  onReachBottom: function() {
    // 到达页面底部时执行的操作
  },
```

```
  onReachBottom: function() {
    // 到达页面底部时执行的操作
  },
  onShareAppMessage: function() {
    // 用户分享时返回定制的分享数据
  },

  // 事件处理
  viewTap: function() {
    this.setData({
      text: 'Set some data for updating view.'
    })
  }
})
```

同样，微信团队为开发者提供了 getCurrentPage() 函数，用来获取当前页面的实例。

 注意 不要在 App() 中进行 onLaunch 操作的时候调用 getCurrentPage()，此时 page 还没有生成。

1. 初始化数据

初始化数据将作为页面的第一次渲染。对象 data 将会以 JSON 的形式由逻辑层传至视图层，所以其数据必须是可以转成 JSON 的格式：字符串、数字、布尔值、对象、数组。

视图层可以通过 WXML 对数据进行绑定。关于视图层及 WXML 内容可参考后面 3.3 节 "视图层开发详解"。

示例代码如下：

```
// <!--wxml-->
// 渲染 page() 的数据
<view>{{text}}</view>
<view>{{array[0].msg}}</view>

// page.js
// page() 中的初始化数据 data
Page({
  data: {
    text: 'init data',
    array: [{msg: '1'}, {msg: '2'}]
  }
})
```

2. 生命周期函数使用介绍

生命周期函数包括 onLoad、onShow、onReady、onHide、onUnload，下面分别介绍。

onLoad 是页面加载时执行的初始化操作：

■ 一个页面只会调用一次。

■ 参数可以获取 wx.navigateTo 和 wx.redirectTo 及 <navigator/> 中的 query。

onShow 是页面显示时执行的操作。每次打开页面都会调用一次。

onReady 是页面初次渲染完成时执行的操作：

■ 一个页面只会调用一次，代表页面已经准备妥当，可以和视图层进行交互。

■ 对页面的设置（如 wx.setNavigationBarTitle）请在 onReady 之后设置。

onHide 是页面隐藏时执行的操作。当 navigateTo 或底部进行 tab 切换时调用。

onUnload 是页面卸载时执行的操作。当进行 redirectTo 或 navigateBack 操作的时候调用。

3. 页面相关事件处理函数

onPullDownRefresh 是下拉刷新时执行的操作，例如：

■ 监听用户下拉刷新事件。

■ 需要在页面 .json 文件的 window 配置项中开启 enablePullDownRefresh。

■ 当处理完数据刷新后，wx.stopPullDownRefresh 可以停止当前页面的下拉刷新。

onShareAppMessage 是用户分享时返回定制的分享内容：

■ 只有定义了此事件处理函数，右上角菜单才会显示"分享"按钮。

■ 用户点击分享按钮的时候会调用。

■ 此事件需要 return 一个 Object，用于自定义分享内容。

onShareAppMessage 自定义分享字段如下：

字段	说明	默认值
title	分享标题	当前小程序名称。
path	分享路径	当前页面 path，必须是以 / 开头的完整路径。

onShareAppMessage 示例代码如下：

```
Page({
  onShareAppMessage: function () {
    return {
      title: '自定义分享标题',
      path: '/page/user?id=123'
    }
  }
})
```

4. 事件处理函数

除了初始化数据和生命周期函数，Page() 方法中还可以定义一些特殊的函数：事件处理函数。我们可在视图层通过对组件加入事件绑定，当满足触发事件时，就会执行 Page() 中定义的事件处理函数。

示例代码如下：

```
// <!--wxml-->
// 绑定 tap 事件到 view 组件上，处理事件的函数名为 viewTap
<view bindtap="viewTap"> click me </view>

// page.js
Page({
// 定义一个 viewTap 事件处理函数
  viewTap: function() {
    console.log('view tap')
  }
})
```

5. 页面数据设置及展现

在 Page() 中，我们要使用 setData 函数来将数据从逻辑层发送到视图层，同时改变对应的 this.data 的值。

> **注意**
> - this 是包含它的函数作为方法被调用时所属的对象，在小程序中一般指调用页面。
> - 直接修改 this.data 无效，无法改变页面的状态，还会造成数据不一致。
> - 单次设置的数据不能超过 1024KB，请尽量避免一次设置过多的数据。

setData() 函数的参数接受一个对象。以 "key，value" 的形式表示将 this.data 中的 key 对应的值改变成 value。其中 key 可以非常灵活，包括以数据路径的形式给出，如 array[2].message，a.b.c.d，并且无须在 this.data 中预先定义。

示例代码如下：

```
<!--index.wxml-->
<view>{{text}}</view>
<button bindtap="changeText"> Change normal data </button>
<view>{{array[0].text}}</view>
<button bindtap="changeItemInArray"> Change Array data </button>
<view>{{obj.text}}</view>
<button bindtap="changeItemInObject"> Change Object data </button>
<view>{{newField.text}}</view>
<button bindtap="addNewField"> Add new data </button>
```

```
// index.js
Page({
  data: {
    text: 'init data',
    array: [{text: 'init data'}],
    object: {
      text: 'init data'
    }
  },
  changeText: function() {
    // 这样设置 this.data.text = 'changed data' 是不行的，会出错
    this.setData({
      text: 'changed data'
    })
  },
  changeItemInArray: function() {
    // 可以这样使用 setData 以修改动态的数据路径
    this.setData({
      'array[0].text':'changed data'
    })
  },
  changeItemInObject: function(){
    this.setData({
      'object.text': 'changed data'
    });
  },
  addNewField: function() {
    this.setData({
      'newField.text': 'new data'
    })
  }
})
```

6. 页面栈及其实例获取

框架以栈的形式维护了当前的所有页面。当发生路由切换的时候，页面栈的表现如下：

路由方式	页面栈表现
初始化	新页面入栈。
打开新页面	新页面入栈。
页面重定向	当前页面出栈，新页面入栈。
页面返回	页面不断出栈，直到目标返回页，新页面入栈。
Tab 切换	当前页面出栈，新页面入栈。

getCurrentPages() 函数用于获取当前页面栈的实例，以数组形式按栈的顺序给出，第一个元素为首页，最后一个元素为当前页面。

 注意　不要尝试修改页面栈，会导致路由以及页面状态错误。

7. 理解页面的生命周期

（以下内容读者不需要立马完全弄明白，不过以后会有用。）

图 3-4 说明了 Page 与实例的生命周期。

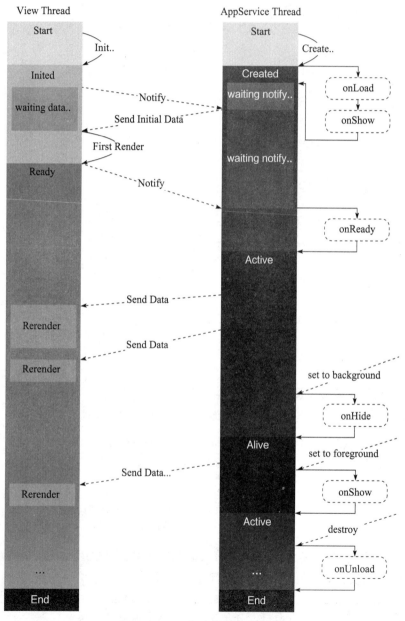

图 3-4   Page 与实例的生命周期

从图中可以看到，左边是视图层（.wxml 与 .wxss 文件），右边是逻辑层（.js 文件）。页面初始化后，在整个生命周期中持续进行相应的业务数据准备、数据展现及响应事件处理、数据保存等，直到页面卸载。

8. 页面的路由

在小程序中，所有页面的路由全部由框架进行管理，对于路由的触发方式以及页面生命周期函数参见表 3-7。

表 3-7　路由的触发方式与页面生命周期

路由方式	触发时机	路由后页面	路由前页面
初始化	小程序打开的第一个页面	onLoad, onShow	
打开新页面	调用 API wx.navigateTo 或使用组件 <navigator open-type="navigator" />	onLoad, onShow	onHide
页面重定向	调用 API wx.redirectTo 或使用组件 <navigator open-type="redirect" />	onLoad, onShow	onUnload
页面返回	调用 APIwx.navigateBack 或用户按左上角返回按钮	onShow	onUnload
Tab 切换	调用 API wx.switchTab 或使用组件 <navigator open-type="switchTab" /> 或多 Tab 模式下用户切换 Tab	第一次打开 onLoad, onshow；否则 onShow	onHide

3.2.3　模块及调用

1. 文件作用域

在页面的 JavaScript（.js）脚本文件中声明的变量和函数只在该文件中有效；不同的文件中可以声明相同名字的变量和函数，不会互相影响。

通过全局函数 getApp() 可以获取全局的应用实例，如果需要全局的数据可以在 App() 中设置，例如：

```
// app.js
App({
  globalData: 1
})
// a.js
// 变量 localValue 只在 a.js 文件中有效
var localValue = 'a'
// 获取 App 实例
var app = getApp()
// 获取全局数据值并修改
```

```
app.globalData++
// b.js
// 可以在 b.js 文件中重新定义变量 localValue，这并不会影响 a.js 文件中的 localValue
var localValue = 'b'
// 若 a.js 在 b.js 运行，那么这里的 globalData 就应是 2
console.log(getApp().globalData)
```

2. 模块化

我们可以将一些公共的代码抽离成为一个单独的 js 脚本文件，作为一个模块。

> **注意**　模块只有通过 module.exports 才能对外暴露接口以供其他 .js 文件引入使用。

示例代码如下：

```
// common.js
function sayHello(name) {
  console.log('Hello ' + name + '!')
}
module.exports = {
  sayHello: sayHello
}
```

在需要使用这些模块的 .js 文件中，使用 require（path）将公共代码引入。

示例代码如下：

```
// call.js
var common = require('common.js')
Page({
  helloMINA: function() {
    common.sayHello('MINA')
  }
})
```

3.2.4　微信原生 API

小程序开发框架提供了非常丰富的微信原生 API，可以方便我们调取微信提供的能力，如获取用户信息、本地存储、支付功能等。

微信原生的 API 共有八大类：网络 API、媒体 API、文件 API、数据缓存 API、位置 API、设备 API、界面 API 以及微信开放接口。

在使用这些微信原生 API 之前，我们先看看注意事项：

- wx.on 开头的 API 是监听某个事件发生的 API 接口，接受一个回调（CALLBACK）函数作为参数。当该事件触发时，会调用该回调函数。

- 如未特殊约定，其他 API 接口都接受一个 OBJECT 作为参数。
- object 中可以指定 success、fail、complete 来接收接口调用结果（见下表）。

参数名	类型	必填	说　明
Success	Function	否	接口调用成功的回调函数。
Fail	Function	否	接口调用失败的回调函数。
Complete	Function	否	接口调用结束的回调函数（调用成功、失败都会执行）。

我们这里先简单介绍一下微信原生 API 列表名称及主要用途，参见表 3-8。

表 3-8　微信原生 API 及其描述

类　别	API 名称	主要用途
网络 API	wx.request	发起网络请求
	wx.uploadFile	上传文件
	wx.downloadFile	下载文件
	wx.connectSocket	创建 WebSocket 连接
	wx.onSocketOpen	监听 WebSocket 打开
	wx.onSocketError	监听 WebSocket 错误
	wx.sendSocketMessage	发送 WebSocket 消息
	wx.onSocketMessage	接受 WebSocket 消息
	wx.closeSocket	关闭 WebSocket 连接
	wx.onSocketClose	监听 WebSocket 关闭
媒体 API	wx.chooseImage	从相册选择图片或者拍照
	wx.previewImage	预览图片
	wx.getImageInfo	获取图片信息
	wx.startRecord、wx.stopRecord	开始录音、结束录音
	wx.playVoice、wx.pauseVoice、wx.stopVoice	播放语音、暂停播放语音、结束播放语音
	wx.createAudioContext	创建并返回 audio 的上下文对象
	wx.getBackgroundAudioPlayerState	获取音乐播放状态
	wx.playBackgroundAudio	播放音乐
	wx.pauseBackgroundAudio	暂停播放音乐
	wx.seekBackgroundAudio	控制音乐播放进度
	wx.stopBackgroundAudio	停止播放音乐
	wx.onBackgroundAudioPlay	监听音乐开始播放
	wx.onBackgroundAudioPause	监听音乐暂停
	wx.onBackgroundAudioStop	监听音乐结束
	wx.chooseVideo	从相册选择视频或者拍摄
	wx.createVideoContext	创建并 video 的上下文对象

（续）

类　别	API 名称	主要用途
文件 API	wx.saveFile	保存文件
	wx.getSavedFileList	获取本地已保存的文件列表
	wx.getSavedFileInfo	获取本地文件的文件信息
	wx.removeSavedFile	删除本地存储的文件
	wx.openDocument	新开页面打开文档，支持格式：doc、xls、ppt、pdf、docx、xlsx、pptx
数据缓存 API	wx.getStorage（wx.getStorageSync）	异步获取本地数据缓存（同步）
	wx.setStorage（wx.setStorageSync）	异步设置本地数据缓存（同步）
	wx.removeStorage(wx.removeStorageSync)	异步移除本地指定 key（同步）
	wx.clearStorage(wx.clearStorageSync)	异步清理本地数据缓存（同步）
位置 API	wx.getLocation	获取当前位置
	wx.chooseLocation	打开内置地图选择位置
	wx.openLocation	打开内置地图
	wx.createMapContext	创建 map 的上下文对象
设备信息 API	wx.getNetworkType	获取网络类型
	wx.getSystemInfo（wx.getSystemInfoSync）	获取系统信息（同步）
	wx.onAccelerometerChange	监听重力感应数据
	wx.onCompassChange	监听罗盘数据
	wx.makePhoneCall	调起拨打电话
	wx.scanCode	调起客户端扫码界面
界面 API	wx.showToast、wx.hideToast	显示消息提示框、隐藏消息提示框
	wx.showModal	显示模态弹窗
	wx.showActionSheet	显示操作菜单
	wx.setNavigationBarTitle	设置当前页面标题
	wx.showNavigationBarLoading	显示导航条加载动画
	wx.hideNavigationBarLoading	隐藏导航条加载动画
	wx.navigateTo、wx.navigateBack	新窗口打开页面、退回上一个页面
	wx.redirectTo	原窗口打开页面
	wx.switchTab	跳转到 tabBar 页面
	wx.createAnimation	动画
	wx.createCanvasContext	创建 Canvas 绘图上下文
	wx.createContext	创建绘图上下文
	wx.drawCanvas	绘图
	wx.canvasToTempFilePath	保存画布内容
	wx.hideKeyboard	隐藏键盘
	Page.onPullDownRefresh	监听页面用户下拉刷新
	wx.stopPullDownRefresh	停止下拉刷新动画

（续）

类　别	API 名称	主要用途
开放 API	wx.login	登录
	wx.getUserInfo	获取用户信息
	wx.requestPayment	发起微信支付

注：表中所列 API 会随着开发工具的升级而更新，请关注工具的更新日志提醒。

每个接口的详细使用方法及示例代码，可参考本书第 5 章 "微信 API 接口的开发应用"。

3.3　视图层

框架的视图层由 WXML（WeiXin Markup language）与 WXSS（WeiXin Style Sheet）编写，由组件来进行展示。对于微信小程序而言，视图层就是所有 .wxml 文件与 .wxss 文件的集合。

微信小程序在逻辑层将数据进行处理后发送给视图层展现出来，同时接受视图层的事件反馈。

- .wxml 文件用于描述页面的结构。
- .wxss 文件用于描述页面的样式。

视图层以给定的样式展现数据并将事件反馈给逻辑层，而数据展现是以组件来进行的。组件（Component）是视图的基本组成单元，是构建 .wxml 文件必不可少的。

对于小程序的 WXML 编码开发，我们基本上可认为就是使用组件、结合事件系统，构建页面结构的过程。.wxml 文件中所绑定的数据，均来自于对应页面的 .js 文件中 Page 方法的 data 对象。

3.3.1　WXML 详解

WXML 是框架设计的一套类似 HTML 的标签语言，结合基础组件、事件系统，可以构建出页面的结构，即 .wxml 文件。

.wxml 文件第一行建议写 <!-- 页面名 .wxml-->。比如 logs 页面的 wxml 文件（logs.wxml）如下：

```
<!--logs.wxml-->
<view class="container log-list">
  <block wx:for="{{logs}}" wx:for-item="log">
    <text class="log-item">{{index + 1}}. {{log}}</text>
```

```
    </block>
  </view>
```

上述代码，我们通过 <view> 组件控制页面内容展现，通过 <block> 组件与 <text> 组件实现页面数据的绑定。

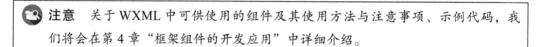

> **注意** 关于 WXML 中可供使用的组件及其使用方法与注意事项、示例代码，我们将会在第 4 章 "框架组件的开发应用"中详细介绍。

WXML 具有数据绑定、列表渲染、条件渲染、模板及事件绑定的能力。下面我们通过一些简单的例子来感受一下 WXML 的这些能力：

1）数据绑定：

```
<!--wxml-->
<view> {{message}} </view>
// page.js
Page({
  data: {
    message: 'Hello MINA!'
  }
})
```

上例中，在 .wxml 文件中绑定 message 变量，在 .js 文件的 data 对象中给 message 赋值 "Hello MINA！"。

2）列表渲染：

```
<!--wxml-->
<view wx:for="{{array}}"> {{item}} </view>
// page.js
Page({
  data: {
    array: [1, 2, 3, 4, 5]
  }
})
```

3）条件渲染：

```
<!--wxml-->
<view wx:if="{{view == 'WEBVIEW'}}"> WEBVIEW </view>
<view wx:elif="{{view == 'APP'}}"> APP </view>
<view wx:else="{{view == 'MINA'}}"> MINA </view>
// page.js
Page({
  data: {
```

```
    view: 'MINA'
  }
})
```

4）模板：

```
<!--wxml-->
<template name="staffName">
  <view>
    FirstName: {{firstName}}, LastName: {{lastName}}
  </view>
</template>

<template is="staffName" data="{{...staffA}}"></template>
<template is="staffName" data="{{...staffB}}"></template>
<template is="staffName" data="{{...staffC}}"></template>
// page.js
Page({
  data: {
    staffA: {firstName: 'Hulk', lastName: 'Hu'},
    staffB: {firstName: 'Shang', lastName: 'You'},
    staffC: {firstName: 'Gideon', lastName: 'Lin'}
  }
})
```

注：字例代码中，"..."为扩展运算符，用它来展开一个对象，如 staffA 对象。

5）事件绑定：

```
<!--wxml-->
<view bindtap="add"> {{count}} </view>
// page.js
Page({
  data: {
    count: 1
  },
  add: function(e) {
    this.setData({
      count: this.data.count + 1
    })
  }
})
```

1. 数据绑定

.wxml 文件中的动态数据均来自对应页面的 .js 文件中 Page 的 data 对象。我们来详细了解一下数据绑定的编码方法。

（1）简单绑定

数据绑定使用 Mustache 语法（即"双大括号"语法）将变量包起来，可以作用于：

内容：

```
<!--wxml-->
<view> {{ content}} </view>
// page.js
Page({
  data: {
    content: 'Hello MiniAPP!'
  }
})
```

组件属性（需要在双引号之内）：

```
<!--wxml-->
<view id="item-{{id}}"> </view>
// page.js
Page({
  data: {
    id: 0
  }
})
```

控制属性（需要在双引号之内）：

```
<!--wxml-->
<view wx:if="{{condition}}"> </view>
// page.js
Page({
  data: {
    condition: true
  }
})
```

（2）运算

可以在 {{}} 内进行简单的运算，支持如下几种方式。

三元运算：

```
<!--wxml-->
<view hidden="{{flag ? true : false}}"> Hidden </view>
```

算数运算：

```
<!--wxml-->
<view> {{a + b}} + {{c}} + d </view>
// page.js
Page({
  data: {
```

```
      a: 1,
      b: 2,
      c: 3
    }
})
```

view 中的内容为 3 + 3 + d。

逻辑判断：

```
<view wx:if="{{length > 5}}"> </view>
```

字符串运算：

```
<!--wxml-->
<view>{{"hello" + name}}</view>
// page.js
Page({
  data:{
    name: 'MINA'
  }
})
```

数据路径运算：

```
<view>{{object.key}} {{array[0]}}</view>
Page({
  data: {
    object: {
      key: 'Hello '
    },
    array: ['MINA']
  }
})
```

（3）组合

也可以在 Mustache 内直接进行组合，构成新的对象或者数组。

数组：

```
<!--wxml-->
<view wx:for="{{[zero, 1, 2, 3, 4]}}"> {{item}} </view>
// page.js
Page({
  data: {
    zero: 0
  }
})
```

最终组合成数组 [0, 1, 2, 3, 4]。

对象：

```
<!-- wxml -->
<template is="objectCombine" data="{{for: a, bar: b}}"></template>
// page.js
Page({
  data: {
    a: 1,
    b: 2
  }
})
```

最终组合成的对象是 {for: 1, bar: 2}。

也可以用扩展运算符 ... 来将一个对象展开：

```
<!-- wxml -->
<template is="objectCombine" data="{{...obj1, ...obj2, e: 5}}"></template>
// page.js
Page({
  data: {
    obj1: {
      a: 1,
      b: 2
    },
    obj2: {
      c: 3,
      d: 4
    }
  }
})
```

最终组合成的对象是 {a: 1, b: 2, c: 3, d: 4, e: 5}。

如果对象的 key 和 value 相同，也可以间接地表达：

```
<!-- wxml -->
<template is="objectCombine" data="{{foo, bar}}"></template>
// page.js
Page({
  data: {
    foo: 'my-foo',
    bar: 'my-bar'
  }
})
```

最终组合成的对象是 {foo: 'my-foo', bar:'my-bar'}。

> **注意**　上述方式可以随意组合，但是如果变量名相同，后边的对象会覆盖前面的对象。

例如：

```
<!-- wxml -->
<template is="objectCombine" data="{{...obj1, ...obj2, a, c: 6}}"></template>
// page.js
Page({
  data: {
    obj1: {
      a: 1,
      b: 2
    },
    obj2: {
      b: 3,
      c: 4
    },
    a: 5
  }
})
```

最终组合成的对象是 {a: 5, b: 3, c: 6}。

2. 条件语句

条件语句可用于 .wxml 中进行条件渲染，不同的条件进行不同的渲染。

（1）wx:if

我们用 wx:if="{{condition}}" 来判断是否需要渲染该代码块。比如：

```
<view wx:if="{{condition}}"> True </view>
```

也可以用 wx:elif 和 wx:else 来添加一个 else 块：

```
<view wx:if="{{length > 5}}"> 1 </view>
<view wx:elif="{{length > 2}}"> 2 </view>
<view wx:else> 3 </view>
```

（2）block wx:if

因为 wx:if 是一个控制属性，需要将它添加到一个组件标签上。如果想一次性判断多个组件标签，其实可以使用一个 <block/> 标签将多个组件包装起来，并在其上使用 wx:if 控制属性：

```
<block wx:if="{{true}}">
  <view> view1 </view>
  <view> view2 </view>
</block>
```

注意 `<block/>` 并不是一个组件，它仅仅是一个包装元素，不会在页面中做任何渲染，只接受控制属性。

（3）wx:if vs hidden

因为 wx:if 之中的模板也可能包含数据绑定，所以当 wx:if 的条件值切换时，框架有一个局部渲染的过程，从而确保条件块在切换时销毁或重新渲染。

同时 wx:if 也是惰性的，如果在初始渲染条件为 false，框架什么也不做，在条件第一次变成真的时候才开始局部渲染。

相比之下，hidden 就简单得多，组件始终会被渲染，只需简单地控制显示与隐藏。

一般来说，wx:if 有更高的切换消耗，而 hidden 有更高的初始渲染消耗。因此，如果需要频繁切换的情景下，用 hidden 更好；如果运行时条件不大可能改变，则 wx:if 较好。

3. 列表语句

列表语句可用于 .wxml 中进行列表渲染，将列表中的各项数据进行重复渲染。

（1）wx:for

在组件上使用 wx:for 控制属性绑定一个数组，即可使用数组中各项的数据重复渲染该组件。

默认数组当前项的下标变量名默认为 index，数组当前项的变量名默认为 item。示例如下：

```
<view wx:for="{{items}}">
  {{index}}: {{item.message}}
</view>
// page.js
Page({
  data: {
    items: [{
      message: 'foo',
    }, {
      message: 'bar'
    }]
  }
})
```

使用 wx:for-item 可以指定数组当前元素的变量名。

而使用 wx:for-index 则可以指定数组当前下标的变量名：

```
<view wx:for="{{array}}" wx:for-index="idx" wx:for-item="itemName">
  {{idx}}: {{itemName.message}}
```

```
</view>
```

wx:for 也可以嵌套，例如下边是一个九九乘法表：

```
<view wx:for="{{[1, 2, 3, 4, 5, 6, 7, 8, 9]}}" wx:for-item="i">
  <view wx:for="{{[1, 2, 3, 4, 5, 6, 7, 8, 9]}}" wx:for-item="j">
    <view wx:if="{{i <= j}}">
      {{i}} * {{j}} = {{i * j}}
    </view>
  </view>
</view>
```

（2）block wx:for

类似于 block wx:if，也可以将 wx:for 用在 <block/> 标签上，渲染一个包含多节点的结构块。例如：

```
<block wx:for="{{[1, 2, 3]}}">
  <view> {{index}}: </view>
  <view> {{item}} </view>
</block>
```

（3）wx:key

如果列表中项目的位置会动态改变，或者有新的项目添加到列表中，并且希望列表中的项目保持自己的特征和状态（如 <input/> 中的输入内容，<switch/> 的选中状态），需要使用 wx:key 来指定列表中项目的唯一标识符。

wx:key 的值以两种形式提供：

- 字符串，代表在 for 循环的 array 中 item 的某个 property，该 property 的值需要是列表中唯一的字符串或数字，且不能动态改变。
- 保留关键字 *this 代表在 for 循环中的 item 本身，这种表示需要 item 本身是一个唯一的字符串或者数字，例如：当数据改变触发渲染层重新渲染的时候，会校正带有 key 的组件，框架会确保它们被重新排序，而不是重新创建，以确保使组件保持自身的状态，并且提高列表渲染时的效率。

> 🔊 **注意**　如不提供 wx:key，会报错，如果明确知道该列表是静态，或者不必关注其顺序，可以选择忽略。

示例代码如下：

```
// wx-key-demo.wxml
<switch wx:for="{{objectArray}}" wx:key="unique" style="display: block;">
  {{item.id}} </switch>
```

```
<button bindtap="switch"> Switch </button>
<button bindtap="addToFront"> Add to the front </button>

<switch wx:for="{{numberArray}}" wx:key="*this" style="display: block;">
  {{item}} </switch>
<button bindtap="addNumberToFront"> Add to the front </button>
// wx-key-demo.js
Page({
  data: {
    objectArray: [
      {id: 5, unique: 'unique_5'},
      {id: 4, unique: 'unique_4'},
      {id: 3, unique: 'unique_3'},
      {id: 2, unique: 'unique_2'},
      {id: 1, unique: 'unique_1'},
      {id: 0, unique: 'unique_0'},
    ],
    numberArray: [1, 2, 3, 4]
  },
  switch: function(e) {
    const length = this.data.objectArray.length
    for (let i = 0; i < length; ++i) {
      const x = Math.floor(Math.random() * length)
      const y = Math.floor(Math.random() * length)
      const temp = this.data.objectArray[x]
      this.data.objectArray[x] = this.data.objectArray[y]
      this.data.objectArray[y] = temp
    }
    this.setData({
      objectArray: this.data.objectArray
    })
  },
  addToFront: function(e) {
    const length = this.data.objectArray.length
    this.data.objectArray = [{id: length, unique: 'unique_' + length}].concat
      (this.data.objectArray)
    this.setData({
      objectArray: this.data.objectArray
    })
  },
  addNumberToFront: function(e){
    this.data.numberArray = [ this.data.numberArray.length + 1 ].concat(this.
      data.numberArray)
    this.setData({
      numberArray: this.data.numberArray
    })
  }
})
```

4. 模板

WXML 支持模板（template），可以在模板中定义代码片段，然后在不同的地方调用。

（1）定义模板

使用 name 属性，作为模板的名字。然后在 <template/> 内定义代码片段，例如：

```
<!--
  index: int
  msg: string
  time: string
-->
<template name="msgItem">
  <view>
    <text> {{index}}: {{msg}} </text>
    <text> Time: {{time}} </text>
  </view>
</template>
```

（2）使用模板

使用 is 属性，声明需要使用的模板，然后将模板所需要的 data 传入，例如：

```
<!-- wxml -->
<template is="msgItem" data="{{...item}}"/>
// page.js
Page({
  data: {
    item: {
      index: 0,
      msg: 'this is a template',
      time: '2016-09-15'
    }
  }
})
```

is 属性可以使用 Mustache 语法，来动态决定具体需要渲染哪个模板：

```
<template name="odd">
  <view> odd </view>
</template>
<template name="even">
  <view> even </view>
</template>

<block wx:for="{{[1, 2, 3, 4, 5]}}">
    <template is="{{item % 2 == 0 ? 'even' : 'odd'}}"/>
</block>
```

（3）模板的作用域

模板拥有自己的作用域，只能使用 data 传入的数据。

5. 引用

WXML 提供两种文件引用方式：import 和 include。

（1）import

import 可以在该文件中使用目标文件定义的 template，例如：在 item.wxml 中定义了一个叫 item 的 template：

```
<!-- item.wxml -->
<template name="item">
  <text>{{text}}</text>
</template>
```

在 index.wxml 中引用了 item.wxml，就可以使用 item 模板：

```
<import src="item.wxml"/>
<template is="item" data="{{text: 'forbar'}}"/>
```

（2）import 的作用域

import 有作用域的概念，即只会引用目标文件中定义的 template，而不会引用目标文件嵌套 import 的 template。

例如：C import B，B import A，在 C 中可以使用 B 定义的 template，在 B 中可以使用 A 定义的 template，但是 C 不能使用 A 定义的 template。如下所示：

```
<!-- A.wxml -->
<template name="A">
  <text> A template </text>
</template>
<!-- B.wxml -->
<import src="a.wxml"/>
<template name="B">
  <text> B template </text>
</template>
<!-- C.wxml -->
<import src="b.wxml"/>
<template is="A"/>  <!-- Error! Can not use tempalte when not import A. -->
<template is="B"/>
```

（3）include

include 可将目标文件除模板代码（<template/>）块的所有代码引入，相当于拷贝到 include 位置，例如：

```
<!-- index.wxml -->
<include src="header.wxml"/>
<view> body </view>
<include src="footer.wxml"/>
<!-- header.wxml -->
<view> header </view>
<!-- footer.wxml -->
<view> footer </view>
```

6. 事件绑定

事件的定义如下：

- 事件是视图层到逻辑层的通信方式。
- 事件可以将用户的行为反馈到逻辑层进行处理。
- 事件可以绑定在组件上，当达到触发事件，就会执行逻辑层中对应的事件处理函数。
- 事件对象可以携带额外信息，如 id、dataset、touches。

（1）事件的使用

小程序与用户的交互多数情况下是通过事件来进行的。下面我们来介绍事件的使用方式。

首先，在组件中绑定一个事件处理函数。如下面代码中，我们使用 bindtap，当用户点击该组件 view 的时候会在该页面对应的 Page 中找到相应的事件处理函数 tapName：

```
// 指定 view 组件的唯一标识 tapTest；自定义属性 hi，其值为 MINA；绑定事件 tapName
<view id="tapTest" data-hi="MINA" bindtap="tapName"> Click me! </view>
```

> 📷 **注意**　应将 bindtap 理解为：bind+tap，即绑定冒泡事件 tap（手指触摸后离开）。

其次，要在相应的 Page 定义中写上相应的事件处理函数，参数是 event。如下列示例代码中，定义了 tapName 函数，将事件信息输出到控制台上：

```
Page({
  tapName: function(event) {
    console.log(event)
  }
})
```

假定我们上述 2 段代码分别放入小程序项目中的 index.wxml 与 index.js 中，我们重启小程序项目，就可以看到控制台上的 log 信息大致如下：

```
{
"type": "tap",
```

```
"timeStamp": 1252,
"target": {
  "id": "tapTest",
  "offsetLeft": 0,
  "offsetTop": 0,
  "dataset": {
    "hi": "MINA"
  }
},
"currentTarget": {
  "id": "tapTest",
  "offsetLeft": 0,
  "offsetTop": 0,
  "dataset": {
    "hi": "MINA"
  }
},
"touches": [{
  "pageX": 30,
  "pageY": 12,
  "clientX": 30,
  "clientY": 12,
  "screenX": 112,
  "screenY": 151
}],
"detail": {
  "x": 30,
  "y": 12
}
}
```

（2）事件详解

微信小程序里的事件分为冒泡事件和非冒泡事件：

■ **冒泡事件**：当一个组件上的事件被触发后，该事件会向父节点传递。

■ **非冒泡事件**：当一个组件上的事件被触发后，该事件不会向父节点传递。

WXML 中的冒泡事件仅有 6 个，列表如下：

冒泡事件	含义或触发条件
touchstart	手指触摸。
touchmove	手指触摸后移动。
touchcancel	手指触摸动作被打断，如来电提醒、弹窗。
touchend	手指触摸动作结束。
tap	手指触摸后离开。
longtap	手指触摸后，超过 350ms 再离开。

> 📷 **注意**　除上表之外的其他组件自定义事件都是非冒泡事件，如 <form/> 的 submit
> 事件、<input/> 的 input 事件、<scroll-view/> 的 scroll 事件。（各个组件自定义事
> 件介绍，可参考本书第 4 章。）

事件绑定的写法同组件的属性，以 key、value 的形式，如下所示：

■ key 以 bind 或 catch 开头，然后跟上事件的类型，如 bindtap、catchtouchstart。

■ value 是一个字符串，需要在对应的 Page 中定义同名的函数。不然当触发事件的
时候会报错。

> 📷 **注意**　bind 事件绑定不会阻止冒泡事件向上冒泡，catch 事件绑定可以阻止冒泡事
> 件向上冒泡。

我们来看一个例子，点击 id 为 inner 的组件 view 会先后触发 handleTap3 和 handle-
Tap2（因为 tap 事件会冒泡到 id 为 middle 的组件 view，而 middle view 阻止了 tap 事件
冒泡，不再向父节点传递），点击 middle view 会触发 handleTap2，点击 id 为 outter 的组
件 view 会触发 handleTap1：

```
<view id="outter" bindtap="handleTap1">
  outer view
  <view id="middle" catchtap="handleTap2">
    middle view
    <view id="inner" bindtap="handleTap3">
      inner view
    </view>
  </view>
</view>
```

如无特殊说明，当组件触发事件时，逻辑层绑定该事件的处理函数会收到一个事件
对象。事件对象具有的属性参见表 3-9。

表 3-9　事件对象的属性及描述

事件对象的属性	类　型	说　明
type	String	事件类型
timeStamp	Integer	事件生成时的时间戳
target	Object	触发事件组件的一些属性值集合
currentTarget	Object	当前组件的一些属性值集合
touches	Array	触摸事件，当前停留在屏幕中触摸点信息的数组
changedTouches	Array	触摸事件，当前变化的触摸点信息的数组
detail	Object	额外的信息

其中：

- type 指通用事件类型。
- timeStamp 是该页面打开到触发事件所经过的毫秒数。
- target 触发事件的源组件，是一个对象，具有以下 3 个属性：

源组件对象属性	说　明
id	事件组件的 id。
tagName	事件组件的类型。
dataset	事件组件上由 data- 开头的自定义属性组成的集合。

- currentTarget 事件绑定的当前组件。与 target 类似，是一个对象，同样具有上表三个属性。（组件 <canvas /> 中的触摸事件为特殊事件，不可冒泡，所以无 currentTarget。）

说明：

1）target 和 currentTarget 可以参考上例中，点击 inner view 时，handleTap3 收到的事件对象 target 和 currentTarget 都是 inner，而 handleTap2 收到的事件对象 target 就是 inner，currentTarget 就是 middle。

2）dataset 在组件中可以定义数据，这些数据将会通过事件传递给 App Service。dataset 书写方式以 data- 开头，多个单词由连字符"-"连接，不能有大写（大写会自动转成小写），如 data-element-type，最终在 event.target.dataset 中会将连字符转成驼峰形式：elementType。

示例代码如下：

```
// bindviewtap.wxml
<view data-alpha-beta="1" data-alphaBeta="2" bindtap="bindViewTap">
DataSet Test </view>

// bindviewtap.js
Page({
  bindViewTap:function(event){
    event.target.dataset.alphaBeta == 1     // - 会转为驼峰写法
    event.target.dataset.alphabeta == 2     // 大写会转为小写
  }
})
```

- touches 是一个触摸点的数组。每个元素为一个 Touch（触摸点）对象，具有以下属性：

属　性	说　明
identifier	触摸点标识符。
pageX,pageY	距离文档左上角的距离，文档的左上角为原点，横向为 X 轴，纵向为 Y 轴。
clientX,clientY	距离页面可显示区域（屏幕除去导航条）左上角距离，横向为 X 轴，纵向为 Y 轴。

- changedTouches 数据格式同 touches。表示有变化的触摸点，如从无变有（touch-start）、位置变化（touchmove）、从有变无（touchend、touchcancel）。

3.3.2　WXSS 详解

WXSS 是一套样式语言，用于描述 WXML 的组件样式。它将决定 WXML 的组件应该怎么显示。

官方文档表明，WXSS 的选择器目前支持（".class"、"#id"、"element"、"element,element"、"::after"、"::before"），而且本地资源无法通过 WXSS 获取，所以 WXSS 中的样式都是用的网络图片，或者 base64。这样，对于某些前端开发者而言，会有所局限。

好在微信团队提供的 WXSS 具有 CSS 大部分特性。同时为了更适合开发微信小程序，微信团队对 CSS 进行了扩充以及修改。

与 CSS 相比，WXSS 扩展的特性有：

- 尺寸单位。
- 样式导入。

1. 尺寸单位

WXSS 新增了针对移动端屏幕的两种尺寸单位：rpx 与 rem。

rpx（responsive pixel）：可以根据屏幕宽度进行自适应。规定屏幕宽为 750rpx。如在 iPhone6 上，屏幕宽度为 375px，共有 750 个物理像素，则 750rpx = 375px = 750 物理像素，1rpx = 0.5px = 1 物理像素。

设　备	rpx 换算 px（屏幕宽度 /750）	px 换算 rpx（750/ 屏幕宽度）
iPhone5	1rpx = 0.42px	1px = 2.34rpx
iPhone6/6s	1rpx = 0.5px	1px = 2rpx
iPhone6s Plus	1rpx = 0.552px	1px = 1.81rpx

rem（root em）：规定屏幕宽度为 20rem；1rem =（750/20）rpx。

因此建议，开发微信小程序时设计师可以用 iPhone6 作为视觉稿的标准。

 注意 在较小的屏幕上不可避免的会有一些毛刺，请在开发时尽量避免这种情况。

2. 导入样式

可以使用 @import 语句来导入外联样式表。@import 后跟需要导入的外联样式表的相对路径，并用；表示语句结束。

示例代码如下：

```
/** common.wxss **/
.small-p {
  padding:5px;
}
/** app.wxss **/
@import "common.wxss";
.middle-p {
  padding:15px;
}
```

3. 内联样式

内联样式指的是框架组件上支持使用 style、class 属性来控制组件的样式：

- style：静态的样式统一写到 class 中。style 接收动态的样式，在运行时会进行解析，请尽量避免将静态的样式写进 style 中，以免影响渲染速度：

  ```
  <view style="color:{{color}};" />
  ```

- class：用于指定样式规则，其属性值是样式规则中类选择器名（样式类名）的集合，样式类名不需要带上 "."，比如，".normal-view" 样式类的使用：

  ```
  <view class="normal_view" />
  ```

4. 选择器

WXSS 目前支持的选择器有：

选择器	样 例	样例描述
.class	.intro	选择所有拥有 class="intro" 的组件。
#id	#firstname	选择拥有 id="firstname" 的组件。
element	view	选择所有 view 组件。
element, element	view, checkbox	选择所有文档的 view 组件和所有的 checkbox 组件。
::after	view::after	在 view 组件后边插入内容。
::before	view::before	在 view 组件前边插入内容。

5. 全局样式和局部样式

定义在 app.wxss 中的样式为全局样式，作用于每一个页面。在 page 的 .wxss 文件中定义的样式为局部样式，只作用在对应的页面，并会覆盖 app.wxss 中相同的选择器。

6. WXSS 与 CSS 开发的差异

（1）选择器的差异

WXSS 提供的选择器目前官网提供得很少，下面也是通过图表来对比下 WXSS 与 CSS 选择器的差异，参见表 3-10。

表 3-10　WXSS 与 CSS 选择器对比

选择器	WXSS 官方公布可用	目前 WXSS 版本实际可用	CSS 版本可用
.css	yes	yes	css1
#id	yes	yes	css1
*	no	no	css2
element	yes	yes	css1
element, element	yes	yes	css1
element element	no	yes	css1
element>element	no	no	css2
element+element	no	no	css2
[attribute]	no	no	css2
[attribute=value]	no	no	css2
[attribute-=value]	no	no	css2
[attribute|=value]	no	no	css2
:link	no	no	css1
:visited	no	no	css1
:active	yes	yes	css1
:hover	no	no	css1
:focus	no	yes	css2
:first-letter	no	yes	css1
:first-line	no	yes	css1
:first-child	no	yes	css2
:before	yes	yes	css2
:after	yes	yes	css2
:lang	no	no	css2
element1 ～ element2	no	no	css3
:first-of-type	no	yes	css3
:last-of-type	no	yes	css3
:only-of-type	no	yes	css3
:only-child	no	yes	css3

（续）

选择器	WXSS 官方公布可用	目前 WXSS 版本实际可用	CSS 版本可用
:nth-child(n)	no	no	css3
:nth-last-child(n)	no	no	css3
:nth-of-type(n)	no	no	css3
:nth-last-of-type(n)	no	no	css3
:last-child	no	yes	css3
:root	no	yes	css3
:empty	no	no	css3
:target	no	no	css3
:enabled	no	no	css3
:disabled	no	no	css3
:checked	no	no	css3
:not(selected)	no	no	css3
::selection	no	no	css3

上述对照表格中的可用性是经过测试得出的，不排除小程序框架升级迭代发生变化。

（2）适配

WXSS 刚开始时并不能适配各种设备，虽然支持 rem，但是并不能改变 HTML 的属性，这使得 HTML 5 中的 rem 适配方案失效。最终微信团队推出了 rpx（responsive pixel）这个新的计量单位，它规定屏幕宽度为 750rpx，从而可以依据屏幕宽度进行自适应。rpx 的实现原理跟 rem 很相似，而且最终也是换算成 rem。

rpx 计量最大的优势在于 750 设计稿不需要进行任何转换即可适配。750 设计稿量是多少就是多少，如在 iPhone6 上，屏幕宽度为 375px，共有 750 个物理像素，则 750rpx = 375px = 750 物理像素，1rpx = 0.5px = 1 物理像素。但是目前的方案还存在一定的问题，那就是非 750 的设计稿则需要进行一次换算，如 640 的设计稿就需要进行一次换算在 640 设计稿中的 1rpx = 640/750rpx，而在 WXSS 中并不支持算术运算符，所以小程序的视觉设计稿尽量使用 750 来给出。

（3）样式级联

如 "element element"，微信团队回复说"级联会破坏掉组件的结构，级联最终会取消"，因此推荐使用 BEM，即 Block（块）、Element（元素）、Modifier（修饰符），是由 Yandex 团队提出的一种 CSSClass 命名方法。后续会提供另外的一种层级关系来解决依赖层级的情况。虽然现在还能使用级联的写法，但是最终可能会废弃，所以建议大家尽量不要使用级联，相信未来微信团队会尽快推出新的级联方案。

3.3.3　框架组件

组件是视图层的基本组成单元，除自带某些功能外，也具有微信风格的样式。一个组件通常包括"开始标签"和"结束标签"，组件由属性来定义与修饰，放在"开始标签"中。组件的内容则包含在两个标签之内。组件代码样式如下：

```
<tagname property="value">
  Content goes here ...
</tagname>
```

> **注意**　所有的组件与属性都需使用小写字符。

所有组件都有的共同属性，参见表 3-11。

表 3-11　框架组件共有属性及描述

属性名	类　型	描　述	注　解
id	String	组件的唯一标示	保持整个页面唯一
class	String	组件的样式类	在对应的 WXSS 中定义的样式类
style	String	组件的内联样式	可以动态设置的内联样式
hidden	Boolean	组件是否显示	所有组件默认显示
data-*	Any	自定义属性	组件上触发的事件时，会发送给事件处理函数
bind*/catch*	EventHandler	组件的事件	详见前面 3.3.1 节中"事件绑定"小节

注：表中的 * 为通配符，分别对应属性名（data-*，* 代表自定义的属性）与事件名（bind* 或 catch*，* 代表 6 种冒泡事件之一）。

同时每一个组件也可以有自定义的属性（称为"特殊独有属性"），用于对该组件的功能或样式进行修饰。但属性只支持下面这七种数据类型：

类　型	描　述	注　解
Boolean	布尔值	组件写上该属性，不管该属性等于什么，其值都为 true，只有组件上没有写该属性时，属性值才为 false。如果属性值为变量，变量的值会被转换为 Boolean 类型。
Number	数字	1, 2.5
String	字符串	"string"
Array	数组	[1, "string"]
Object	对象	{key: value}
EventHandler	事件处理函数名	"handlerName" 是 Page 中定义的事件处理函数名。
Any	任意属性	

微信小程序为开发者提供了九大类组件，参见表 3-12。

表 3-12　小程序组件类别及用途描述

组件类别	组件用途	包含组件
视图容器组件	控制视图样式	view, scroll-view, swiper
基础内容组件	图标，文本与进度条	icon, text, progress
表单组件	构建表单	button, form, input, checkbox, radio, picker, picker-view, slider, switch, label, textarea
互动操作组件	操作反馈	action-sheet, modal, toast, loading
页面导航组件	页面链接	navigator
媒体组件	多媒体控制	audio, image, video
地图组件	地图	map
画布组件	画图	canvas
客服会话组件	客户会话服务	contact-button

　　其中视图容器、基础内容、表单、互动操作、页面导航这五大组件，我们称为"常用组件"，小程序开发经常要用到。媒体组件、地图组件、画布组件以及客服会话组件归类为"高级组件"，使用到业务场景相对有限而且相对更复杂。关于框架组件的开发应用，我们将在下一章详细阐述。

第4章　框架组件的开发应用

　　框架为开发者提供了一系列基础组件，开发者可以通过组合这些基础组件进行快速开发、创建出强大的微信小程序。组件是视图层的基本组成单元，是构建页面结构（即 .wxml 文件编码实现）的重要元素。熟练使用组件是高效开发小程序的必备技能。

　　我们将在本章详细阐述包括：五个常用组件（视图容器、基础内容、表单、互动操作、页面导航）与四个高级组件（媒体、地图、画布、客服会话）的开发应用方法或过程。同时介绍 WXML 组件与 HTML 语言标签的差异。

 注意　微信团队提供的组件数量是动态变化的，可能会随着小程序框架的迭代升级而发生轻微的变化，请留意"微信 web 开发者工具"的更新日志。

4.1　视图容器组件

　　视图容器组件包括 view、scroll-view、swiper 及 swiper-item，主要用于控制视图样式与内容展现。

4.1.1　view

　　View 是最常用的视图容器组件，相当于 HTML 页面的 <div> 标签。view 组件具有如下属性：

属性名	类型	默认值	说　明
hover	Boolean	false	是否启用点击态。
hover-class	String	none	指定按下去的样式类。当 hover-class="none" 时，没有点击态效果。
hover-start-time	Number	50	按住后多久出现点击态，单位为 ms。
hover-stay-time	Number	400	手指松开后点击态保留时间，单位为 ms。

　　示例代码如下：

```
<view class="section">
  <view class="section__title">flex-direction: row</view>
  <view class="flex-wrp" style="flex-direction:row;">
    <view class="flex-item bc_green">1</view>
    <view class="flex-item bc_red">2</view>
    <view class="flex-item bc_blue">3</view>
  </view>
</view>
<view class="section">
  <view class="section__title">flex-direction: column</view>
  <view class="flex-wrp" style="height: 300px;flex-direction:column;">
    <view class="flex-item bc_green">1</view>
    <view class="flex-item bc_red">2</view>
    <view class="flex-item bc_blue">3</view>
  </view>
</view>
```

上述示例代码的视图展现大致如图 4-1 所示。

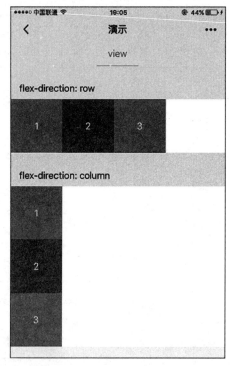

图 4-1　view 组件应用的示例视图

4.1.2　scroll-view

可滚动视图区域组件的属性参见表 4-1。

表 4-1　scroll-view 组件属性及描述

属性名	类　型	默认值	说　明
scroll-x	Boolean	false	允许横向滚动
scroll-y	Boolean	false	允许纵向滚动
upper-threshold	Number	50	距顶部 / 左边多远时（单位为 px），触发 scrolltoupper 事件
lower-threshold	Number	50	距底部 / 右边多远时（单位为 px），触发 scrolltolower 事件
scroll-top	Number		设置竖向滚动条位置
scroll-left	Number		设置横向滚动条位置
scroll-into-view	String		值应为某子元素 id，则滚动到该元素，元素顶部对齐滚动区域顶部
bindscrolltoupper	EventHandle		滚动到顶部 / 左边，会触发 scrolltoupper 事件
bindscrolltolower	EventHandle		滚动到底部 / 右边，会触发 scrolltolower 事件
bindscroll	EventHandle		滚动时触发，event.detail = {scrollLeft, scrollTop, scrollHeight, scroll-Width, deltaX, deltaY}

使用竖向滚动时，需要给 <scroll-view/> 一个固定高度，通过 WXSS 设置 height。
示例代码如下：

```
// scroll-view.wxml
<view class="section">
  <view class="section__title">vertical scroll</view>
  <scroll-view scroll-y="true" style="height: 200px;" bindscrolltoupper="upper"
    bindscrolltolower="lower" bindscroll="scroll" scroll-into-view="{{toView}}"
      scroll-top="{{scrollTop}}">
    <view id="green" class="scroll-view-item bc_green"></view>
    <view id="red"   class="scroll-view-item bc_red"></view>
    <view id="yellow" class="scroll-view-item bc_yellow"></view>
    <view id="blue" class="scroll-view-item bc_blue"></view>
  </scroll-view>

  <view class="btn-area">
    <button size="mini" bindtap="tap">click me to scroll into view </button>
    <button size="mini" bindtap="tapMove">click me to scroll</button>
  </view>
</view>
<view class="section section_gap">
  <view class="section__title">horizontal scroll</view>
  <scroll-view class="scroll-view_H" scroll-x="true" style="width: 100%">
    <view id="green" class="scroll-view-item_H bc_green"></view>
    <view id="red"   class="scroll-view-item_H bc_red"></view>
    <view id="yellow" class="scroll-view-item_H bc_yellow"></view>
    <view id="blue" class="scroll-view-item_H bc_blue"></view>
  </scroll-view>
</view>
var order = ['red', 'yellow', 'blue', 'green', 'red']

// scroll-view.js
```

```
Page({
  data: {
    toView: 'red',
    scrollTop: 100
  },
  upper: function(e) {
    console.log(e)
  },
  lower: function(e) {
    console.log(e)
  },
  scroll: function(e) {
    console.log(e)
  },
  tap: function(e) {
    for (var i = 0; i < order.length; ++i) {
      if (order[i] === this.data.toView) {
        this.setData({
          toView: order[i + 1]
        })
        break
      }
    }
  },
  tapMove: function(e) {
    this.setData({
      scrollTop: this.data.scrollTop + 10
    })
  }
})
```

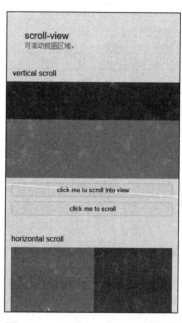

图 4-2　scroll-view 组件应用的示例视图

上述示例代码视图展现大致如图 4-2 所示。

4.1.3　swiper

滑块视图容器组件的属性参见表 4-2。

表 4-2　swiper 组件属性及描述

属性名	类　型	默认值	说　明
indicator-dots	Boolean	false	是否显示面板指示点
indicator-color	Color	rgba(0,0,0,.3)	指示点颜色
indicator-active-color	Color	#000000	当前选中的指示点颜色
autoplay	Boolean	false	是否自动切换
current	Number	0	当前所在页面的 index
interval	Number	5000	自动切换时间间隔

（续）

属性名	类　型	默认值	说　明
duration	Number	1000	滑动动画时长
circular	Boolean	false	是否采用衔接滑动
bindchange	EventHandle		current 改变时会触发 change 事件，event.detail = {current: current}

 注意　其中只可放置 <swiper-item/> 组件，否则会导致未定义的行为。

4.1.4　swiper-item

swiper-item 为滑块项组件，仅可放置在 <swiper/> 组件中，宽高自动设置为 100%。示例代码如下：

```
// swiper-item.wxml
<swiper indicator-dots="{{indicatorDots}}"
  autoplay="{{autoplay}}" interval="{{interval}}" duration="{{duration}}">
  <block wx:for="{{imgUrls}}">
    <swiper-item>
      <image src="{{item}}" class="slide-image" width="355" height="150"/>
    </swiper-item>
  </block>
</swiper>
<button bindtap="changeIndicatorDots"> indicator-dots </button>
<button bindtap="changeAutoplay"> autoplay </button>
<slider bindchange="intervalChange" show-value min="500" max="2000"/> interval
<slider bindchange="durationChange" show-value min="1000" max="10000"/> duration

// swiper-item.js
Page({
  data: {
    imgUrls: [
      'http://img02.tooopen.com/images/20150928/tooopen_sy_143912755726.jpg',
      'http://img06.tooopen.com/images/20160818/tooopen_sy_175866434296.jpg',
      'http://img06.tooopen.com/images/20160818/tooopen_sy_175833047715.jpg'
    ],
    indicatorDots: false,
    autoplay: false,
    interval: 5000,
    duration: 1000
  },
  changeIndicatorDots: function(e) {
    this.setData({
      indicatorDots: !this.data.indicatorDots
```

```
      })
    },
    changeAutoplay: function(e) {
      this.setData({
        autoplay: !this.data.autoplay
      })
    },
    intervalChange: function(e) {
      this.setData({
        interval: e.detail.value
      })
    },
    durationChange: function(e) {
      this.setData({
        duration: e.detail.value
      })
    }
  })
```

4.2　基础内容组件

基础内容组件包括 icon、text 和 progress，用于在视图界面中展现图标、文本内容及进度条等信息。

4.2.1　icon

icon 为图标组件，属性参见表 4-3。

表 4-3　icon 组件属性及描述

属性名	类　型	默认值	说　明
type	String		icon 的类型，有效值：success、success_no_circle、info、warn、waiting、cancel、download、search、clear
size	Number	23	icon 的大小，单位 px
color	Color		icon 的颜色，同 CSS 中的 color

示例代码如下：

```
// icon.wxml
<view class="group">
  <block wx:for="{{iconSize}}">
    <icon type="success" size="{{item}}"/>
  </block>
</view>
```

```
<view class="group">
  <block wx:for="{{iconType}}">
    <icon type="{{item}}" size="45"/>
  </block>
</view>


<view class="group">
  <block wx:for="{{iconColor}}">
    <icon type="success" size="45" color="{{item}}"/>
  </block>
</view>

// icon.js
Page({
  data: {
    iconSize: [20, 30, 40, 50, 60, 70],
    iconColor: [
      'red', 'orange', 'yellow', 'green', 'rgb(0,255,255)', 'blue', 'purple'
    ],
    iconType: [
      'success', 'info', 'warn', 'waiting', 'safe_success', 'safe_warn',
      'success_circle', 'success_no_circle', 'waiting_circle', 'circle', 'download',
      'info_circle', 'cancel', 'search', 'clear'
    ]
  }
})
```

上述示例代码的视图展现大致如图 4-3 所示。

4.2.2　text

text 为文本组件，是最常用的基础内容组件。它支持转义符 "\"。

<text></text> 标签有点类似 HTML 中的 <span>，组件内只支持 <text/> 嵌套使用。同时，<text> 是唯一可复制文本的标签。

 注意　除了文本节点以外的其他节点都无法长按选中。

示例代码如下：

```
// text.wxml
<view class="btn-area">
  <view class="body-view">
    <text>{{text}}</text>
    <button bindtap="add">add line</button>
    <button bindtap="remove">remove line</button>
  </view>
```

```
</view>

// text.js
var initData = 'this is first line\nthis is second line'
var extraLine = [];

Page({
  data: {
    text: initData
  },
  add: function(e) {
    extraLine.push('other line')
    this.setData({
      text: initData + '\n' + extraLine.join('\n')
    })
  },
  remove: function(e) {
    if (extraLine.length > 0) {
      extraLine.pop()
      this.setData({
        text: initData + '\n' + extraLine.join('\n')
      })
    }
  }
})
```

上述示例代码的视图展现大致如图 4-4 所示。

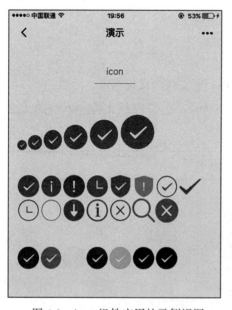

图 4-3　icon 组件应用的示例视图

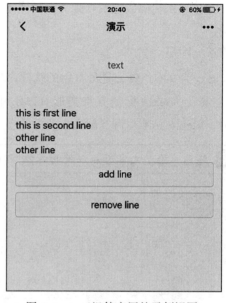

图 4-4　text 组件应用的示例视图

4.2.3　progress

progress 为进度条组件，属性参见表 4-4。

表 4-4　progress 组件属性及描述

属性名	类　型	默认值	说　明
percent	Float	无	百分比 0 ～ 100
show-info	Boolean	false	在进度条右侧显示百分比
stroke-width	Number	6	进度条线的宽度，单位为 px
color	Color	#09BB07	进度条颜色
active	Boolean	false	进度条从左往右的动画

示例代码如下：

```
<progress percent="20" show-info />
<progress percent="40" stroke-width="12" />
<progress percent="60" color="pink" />
<progress percent="80" active />
```

上述示例代码的视图展现大致如图 4-5 所示。

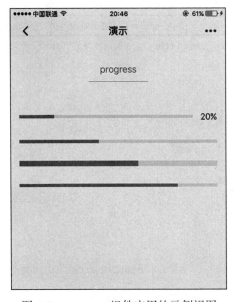

图 4-5　progress 组件应用的示例视图

4.3　表单组件

表单组件包括：button、form、input、checkbox、radio、picker、slider、switch 和 label，

用于构建与用户交互的表单。

4.3.1 button

button 为表单按钮组件，属性参见表 4-5。

表 4-5 button 组件属性及描述

属性名	类 型	默认值	说 明
size	String	Default	有效值包括：default、mini
type	String	default	按钮的样式类型，有效值包括：primary、default、warn
plain	Boolean	false	按钮是否镂空，背景色透明
disabled	Boolean	false	是否禁用
loading	Boolean	false	名称前是否带 loading 图标
form-type	String	无	有效值包括：submit、reset，用于 \<form/\> 组件，点击分别会触发 submit/reset 事件
hover-class	String	button-hover	指定按钮按下去的样式类。当 hover-class="none" 时，表示没有点击态效果
hover-start-time	Number	50	按住后多久出现点击态，单位为 ms
hover-stay-time	Number	400	手指松开后点击态保留时间，单位为 ms

注：button-hover 默认为 {background-color: rgba(0, 0, 0, 0.1); opacity: 0.7;}

示例代码如下：

```
/** wxss **/
/** 修改 button 默认的点击态样式类 **/
.button-hover {
  background-color: red;
}
/** 添加自定义 button 点击态样式类 **/
.other-button-hover {
  background-color: blur;
}

// button.wxml
<button type="default" size="{{defaultSize}}" loading="{{loading}}" plain=
  "{{plain}}"
        disabled="{{disabled}}" bindtap="default"
          hover-class="other-button-hover"> default </button>
<button type="primary" size="{{primarySize}}" loading="{{loading}}" plain=
  "{{plain}}"
        disabled="{{disabled}}" bindtap="primary"> primary </button>
<button type="warn" size="{{warnSize}}" loading="{{loading}}" plain="{{plain}}"
        disabled="{{disabled}}" bindtap="warn"> warn </button>
```

```
<button bindtap="setDisabled">点击设置以上按钮 disabled 属性 </button>
<button bindtap="setPlain">点击设置以上按钮 plain 属性 </button>
<button bindtap="setLoading">点击设置以上按钮 loading 属性 </button>

// button.js
var types = ['default', 'primary', 'warn']
var pageObject = {
  data: {
    defaultSize: 'default',
    primarySize: 'default',
    warnSize: 'default',
    disabled: false,
    plain: false,
    loading: false
  },
  setDisabled: function(e) {
    this.setData({
      disabled: !this.data.disabled
    })
  },
  setPlain: function(e) {
    this.setData({
      plain: !this.data.plain
    })
  },
  setLoading: function(e) {
    this.setData({
      loading: !this.data.loading
    })
  }
}

for (var i = 0; i < types.length; ++i) {
  (function(type) {
    pageObject[type] = function(e) {
      var key = type + 'Size'
      var changedData = {}
      changedData[key] =
        this.data[key] === 'default' ? 'mini' : 'default'
      this.setData(changedData)
    }
  })(types[i])
}

Page(pageObject)
```

上述示例代码的视图展现大致如图 4-6 所示。

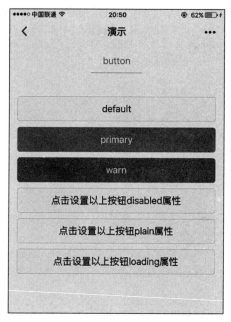

图 4-6 button 组件应用的示例视图

4.3.2 checkbox-group

checkbox-group 为多项选择器组件，内部由多个 checkbox 组成，属性参见表 4-6。

表 4-6 checkbox-group 组件属性及描述

属性名	类　型	说　明
bindchange	EventHandle	\<checkbox-group/\> 中选中项发生改变是触发 change 事件，detail = {value:[选中的 checkbox 的 value 的数组]}

4.3.3 checkbox

checkbox 为多选项目组件，属性参见表 4-7。

表 4-7 checkbox 组件属性及描述

属性名	类　型	默认值	说　明
value	String		\<checkbox/\> 标识，选中时触发 \<checkbox-group/\> 的 change 事件，并携带 \<checkbox/\> 的 value
disabled	Boolean	false	是否禁用
checked	Boolean	false	当前是否选中，可用来设置默认选中
color	Color		指定 checkbox 的颜色，同 CSS 的 color

示例代码如下：

```
// checkbox.wxml
<checkbox-group bindchange="checkboxChange">
  <label class="checkbox" wx:for="{{items}}">
    <checkbox value="{{item.name}}" checked="{{item.checked}}"/>{{item.value}}
  </label>
</checkbox-group>

// checkbox.js
Page({
  data: {
    items: [
      {name: 'USA', value: '美国'},
      {name: 'CHN', value: '中国', checked: 'true'},
      {name: 'BRA', value: '巴西'},
      {name: 'JPN', value: '日本'},
      {name: 'ENG', value: '英国'},
      {name: 'TUR', value: '法国'},
    ]
  },
  checkboxChange: function(e) {
    console.log('checkbox发生change事件，携带value值为：', e.detail.value)
  }
})
```

上述示例代码的视图展现大致如图 4-7 所示。

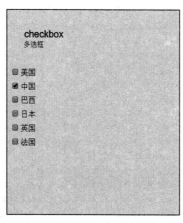

图 4-7　checkbox 和 checkbox-group 组件应用的示例视图

4.3.4　form

form 为表单组件，用于提交由用户输入的 \<switch/\>、\<input/\>、\<checkbox/\>、\<slider/\>、

、 等组件值。form 的属性参见表 4-8。

表 4-8　form 组件属性及描述

属性名	类　型	说　明
report-submit	Boolean	是否返回 formId 用于发送模板消息。关于模板消息，请参考 5.7.4 节
bindsubmit	EventHandle	携带 form 中的数据触发 submit 事件，event.detail = {value: {'name': 'value'}, formId:"}
bindreset	EventHandle	表单重置时会触发 reset 事件

当点击 <form/> 表单中 formType 为 submit 的 <button/> 组件时，会将表单中组件的 value 值进行提交，因此，请务必将表单中的组件加上 name 作为 key。

示例代码如下：

```
// form.wxml
<form bindsubmit="formSubmit" bindreset="formReset">
  <view class="section section_gap">
    <view class="section__title">switch</view>
    <switch name="switch"/>
  </view>
  <view class="section section_gap">
    <view class="section__title">slider</view>
    <slider name="slider" show-value ></slider>
  </view>

  <view class="section">
    <view class="section__title">input</view>
    <input name="input" placeholder="please input here" />
  </view>
  <view class="section section_gap">
    <view class="section__title">radio</view>
    <radio-group name="radio-group">
      <label><radio value="radio1"/>radio1</label>
      <label><radio value="radio2"/>radio2</label>
    </radio-group>
  </view>
  <view class="section section_gap">
    <view class="section__title">checkbox</view>
    <checkbox-group name="checkbox">
      <label><checkbox value="checkbox1"/>checkbox1</label>
      <label><checkbox value="checkbox2"/>checkbox2</label>
    </checkbox-group>
  </view>
  <view class="btn-area">
    <button formType="submit">Submit</button>
    <button formType="reset">Reset</button>
  </view>
```

```
</form>
// form.js
Page({
  formSubmit: function(e) {
    console.log('form 发生了 submit 事件，携带数据为：', e.detail.value)
  },
  formReset: function() {
    console.log('form 发生了 reset 事件')
  }
})
```

若我们运行上面示例代码，将会得到大致如图 4-8 所示的视图。

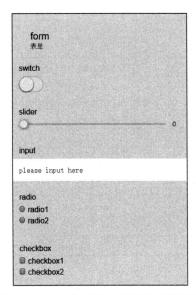

图 4-8　form 组件组合应用的示例视图

同时若我们在上面这个示例的表单视图中，点击 "switch" 开关钮，将 slider 条拉到 75，点选 radio1 以及勾选 checkbox2，按 Submit 提交按钮，并再按一次 Reset 按钮，那么在控制台上，将得到的输出如图 4-9 所示。

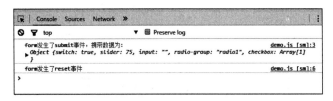

图 4-9　form 示例代码运行输出

4.3.5 input

input 为用户输入框组件，属性参见表 4-9。

表 4-9   input 组件属性及描述

属性名	类　型	默认值	说　明
value	String		输入框的内容
type	String	text	input 的类型，有效值包括：text、number、idcard、digit、time、date
password	Boolean	false	是否是密码类型
placeholder	String		输入框为空时占位符
placeholder-style	String		指定 placeholder 的样式
placeholder-class	String	input-placeholder	指定 placeholder 的样式类
disabled	Boolean	false	是否禁用
maxlength	Number	140	最大输入长度，设置为 0 时不限制最大长度
cursor-spacing	Number	0	指定光标与键盘的距离，单位为 px。取 input 距离底部的距离和 cursor-spacing 指定的距离的最小值作为光标与键盘的距离
focus	Boolean	false	获取焦点
bindconfirm	EventHandle		点击完成按钮时触发，event.detail = {value: value}
bindinput	EventHandle		除了 date/time 类型外的输入框，当键盘输入时，触发 input 事件，event.detail = {value: value}，处理函数可以直接返回一个字符串，将替换输入框中的内容
bindfocus	EventHandle		输入框聚焦时触发，event.detail = {value: value}
bindblur	EventHandle		输入框失去焦点时触发，event.detail = {value: value}

示例代码如下：

```
<!--input.wxml-->
<view class="section">
  <input placeholder=" 这是一个可以自动聚焦的 input" auto-focus/>
</view>
<view class="section">
  <input placeholder=" 这个只有在按钮点击的时候才聚焦" focus="{{focus}}" />
  <view class="btn-area">
    <button bindtap="bindButtonTap">使得输入框获取焦点 </button>
  </view>
</view>
<view class="section">
  <input  maxlength="10" placeholder=" 最大输入长度 10" />
</view>
<view class="section">
```

```
  <view class="section__title"> 你输入的是: {{inputValue}}</view>
  <input  bindinput="bindKeyInput" placeholder=" 输入同步到 view 中 "/>
</view>
<view class="section">
  <input  bindinput="bindReplaceInput" placeholder=" 连续的两个 1 会变成 2" />
</view>
<view class="section">
  <input  bindinput="bindHideKeyboard" placeholder=" 输入 123 自动收起键盘 " />
</view>
<view class="section">
  <input password type="number" />
</view>
<view class="section">
  <input password type="text" />
</view>
<view class="section">
  <input type="digit" placeholder=" 带小数点的数字键盘 "/>
</view>
<view class="section">
  <input type="idcard" placeholder=" 身份证输入键盘 " />
</view>
<view class="section">
  <input placeholder-style="color:red" placeholder=" 占位符字体是红色的 " />
</view>

// input.js
Page({
  data: {
    focus: false,
    inputValue: ''
  },
  bindButtonTap: function() {
    this.setData({
      focus: Date.now()
    })
  },
  bindKeyInput: function(e) {
    this.setData({
      inputValue: e.detail.value
    })
  },
  bindReplaceInput: function(e) {
    var value = e.detail.value
    var pos = e.detail.cursor
    if(pos != -1){
      // 光标在中间
      var left = e.detail.value.slice(0,pos)
      // 计算光标的位置
```

```
        pos = left.replace(/11/g,'2').length
    }

    // 直接返回对象，可以对输入进行过滤处理，同时可以控制光标的位置
    return {
      value: value.replace(/11/g,'2'),
      cursor: pos
    }

    // 或者直接返回字符串，光标在最后
    // return value.replace(/11/g,'2'),
  },
  bindHideKeyboard: function(e) {
    if (e.detail.value === '123') {
      // 收起键盘
      wx.hideKeyboard()
    }
  }
})
```

运行上述示例代码，得到的视图展现大致如图 4-10 所示。

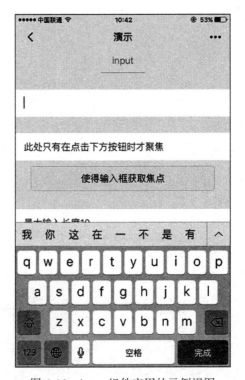

图 4-10　input 组件应用的示例视图

4.3.6 label

label 为标签组件，用来改进表单组件的可用性。支持使用 for 属性找到对应的 id，或者将控件放在该标签下，当点击时，就会触发对应的控件。for 优先级高于内部控件，内部有多个控件的时候默认触发第一个控件。

目前可以绑定的控件有：<button/>、<checkbox/>、<radio/>、<switch/>。

示例代码如下：

```
// label.wxml
<view class="section section_gap">
<view class="section__title">表单组件在 label 内 </view>
<checkbox-group class="group" bindchange="checkboxChange">
  <view class="label-1" wx:for="{{checkboxItems}}">
    <label>
      <checkbox hidden value="{{item.name}}" checked="{{item.checked}}"></checkbox>
      <view class="label-1__icon">
        <view class="label-1__icon-checked" style="opacity:{{item.checked ? 1: 0}}">
          </view>
      </view>
      <text class="label-1__text">{{item.value}}</text>
    </label>
  </view>
</checkbox-group>
</view>

<view class="section section_gap">
<view class="section__title">label 用 for 标识表单组件 </view>
<radio-group class="group" bindchange="radioChange">
  <view class="label-2" wx:for="{{radioItems}}">
    <radio id="{{item.name}}" hidden value="{{item.name}}" checked="{{item.
    checked}}"></radio>
    <view class="label-2__icon">
      <view class="label-2__icon-checked" style="opacity:{{item.checked ? 1: 0}}">
        </view>
    </view>
    <label class="label-2__text" for="{{item.name}}"><text>{{item.name}}</text>
      </label>
  </view>
</radio-group>
</view>

// label.js
Page({
  data: {
    checkboxItems: [
      {name: 'USA', value: ' 美国 '},
```

```
        {name: 'CHN', value: '中国', checked: 'true'},
        {name: 'BRA', value: '巴西'},
        {name: 'JPN', value: '日本', checked: 'true'},
        {name: 'ENG', value: '英国'},
        {name: 'TUR', value: '法国'},
    ],
    radioItems: [
        {name: 'USA', value: '美国'},
        {name: 'CHN', value: '中国', checked: 'true'},
        {name: 'BRA', value: '巴西'},
        {name: 'JPN', value: '日本'},
        {name: 'ENG', value: '英国'},
        {name: 'TUR', value: '法国'},
    ],
    hidden: false
  },
  checkboxChange: function(e) {
    var checked = e.detail.value
    var changed = {}
    for (var i = 0; i < this.data.checkboxItems.length; i ++) {
      if (checked.indexOf(this.data.checkboxItems[i].name) !== -1) {
        changed['checkboxItems['+i+'].checked'] = true
      } else {
        changed['checkboxItems['+i+'].checked'] = false
      }
    }
    this.setData(changed)
  },
  radioChange: function(e) {
    var checked = e.detail.value
    var changed = {}
    for (var i = 0; i < this.data.radioItems.length; i ++) {
      if (checked.indexOf(this.data.radioItems[i].name) !== -1) {
        changed['radioItems['+i+'].checked'] = true
      } else {
        changed['radioItems['+i+'].checked'] = false
      }
    }
    this.setData(changed)
  }
})

// wxss 文件
.label-1, .label-2{
    margin-bottom: 15px;
}
.label-1__text, .label-2__text {
    display: inline-block;
    vertical-align: middle;
```

```
    }

    .label-1__icon {
        position: relative;
        margin-right: 10px;
        display: inline-block;
        vertical-align: middle;
        width: 18px;
        height: 18px;
        background: #fcfff4;
    }

    .label-1__icon-checked {
        position: absolute;
        top: 3px;
        left: 3px;
        width: 12px;
        height: 12px;
        background: #1aad19;
    }

    .label-2__icon {
        position: relative;
        display: inline-block;
        vertical-align: middle;
        margin-right: 10px;
        width: 18px;
        height: 18px;
        background: #fcfff4;
        border-radius: 50px;
    }

    .label-2__icon-checked {
        position: absolute;
        left: 3px;
        top: 3px;
        width: 12px;
        height: 12px;
        background: #1aad19;
        border-radius: 50%;
    }

    .label-4_text{
        text-align: center;
        margin-top: 15px;
    }
```

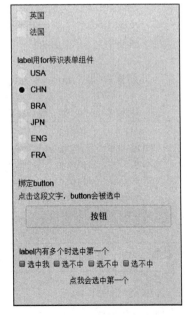

图 4-11　label 组件组合应用的
示例视图

运行上述示例代码，得到的视图展现大致如图 4-11
所示。

4.3.7 picker

picker 为滚动选择器组件。picker 目前支持三种选择器，分别是：普通选择器、时间选择器、日期选择器；默认是普通选择器。我们通过 mode 来区分这三种选择器。

普通选择器（mode = selector），属性如下：

属性名	类　型	默认值	说　明
range	Array/Object Array	[]	mode 为 selector 时，range 有效。
range-key	String		当 range 为 Object Array 时，通过 range-key 来指定 Object 中 key 的值作为选择器的显示内容。
value	Number	0	mode 为 selector 时，是数字，表示选择了 range 中的第几个，从 0 开始。
bindchange	EventHandle		value 改变时触发 change 事件，event.detail = {value: value}。
disable	Boolean	false	是否禁用。

时间选择器（mode = time），属性如下：

属性名	类　型	说　明
value	String	表示选中的时间，格式为 "hh:mm"。
start	String	表示有效时间范围的开始，字符串格式为 "hh:mm"。
end	String	表示有效时间范围的结束，字符串格式为 "hh:mm"。
bindchange	EventHandle	value 改变时触发 change 事件，event.detail = {value: value}。
disable	Boolean	false　是否禁用。

日期选择器（mode = date），属性如下：

属性名	类　型	默认值	说　明
value	String	0	表示选中的日期，格式为 "yyyy-MM-dd"。
start	String		表示有效日期范围的开始，字符串格式为 "yyyy-MM-dd"。
end	String		表示有效日期范围的结束，字符串格式为 "yyyy-MM-dd"。
fields	String	day	有效值包括：year、month、day，表示选择器的粒度。
bindchange	EventHandle		value 改变时触发 change 事件，event.detail = {value: value}。
disable	Boolean	false	是否禁用。

> **注意**　开发工具暂时只支持普通选择器（mode = selector）。

示例代码如下：

```
// picker.wxml
<view class="section">
```

```
<view class="section__title">地区选择器 </view>
<picker bindchange="bindPickerChange" value="{{index}}" range="{{array}}">
  <view class="picker">
    当前选择：{{array[index]}}
  </view>
</picker>
</view>
<view class="section">
  <view class="section__title"> 时间选择器 </view>
  <picker mode="time" value="{{time}}" start="09:01" end="21:01" bindchange=
    "bindTimeChange">
    <view class="picker">
      当前选择：{{time}}
    </view>
  </picker>
</view>

<view class="section">
  <view class="section__title"> 日期选择器 </view>
  <picker mode="date" value="{{date}}" start="2015-09-01" end="2017-09-01"
    bindchange="bindDateChange">
    <view class="picker">
      当前选择：{{date}}
    </view>
  </picker>
</view>

// picker.js
Page({
  data: {
    array: ['美国 ', ' 中国 ', ' 巴西 ', ' 日本 '],
    index: 0,
    date: '2016-09-01',
    time: '12:01'
  },
  bindPickerChange: function(e) {
    console.log('picker 发送选择改变，携带值为 ', e.detail.value)
    this.setData({
      index: e.detail.value
    })
  },
  bindDateChange: function(e) {
    this.setData({
      date: e.detail.value
    })
  },
  bindTimeChange: function(e) {
    this.setData({
```

```
        time: e.detail.value
    })
  }
})
```

运行上述示例代码，我们将得到的视图展现大致如图 4-12 所示。

图 4-12　picker 组件组合应用的示例视图

4.3.8　picker-view

picker-view 为嵌入页面的滚动选择器组件，内部有由多个 <picker-view-column /> 组件。picker-view 组件具有如下属性：

属性名	类　型	说　明
value	Number Array	数组中的数字依次表示 picker-view 内的 picker-view-colume 选择的第几项（下标从 0 开始），数字大于 picker-view-column 可选项长度时，选择最后一项。
indicator-style	String	设置选择器中间选中框的样式。
bindchange	EventHandle	当滚动选择，value 改变时触发 change 事件，event.detail = {value: value}；value 为数组，表示 picker-view 内的 picker-view-column 当前选择的是第几项（下标从 0 开始）。

> **注意**　其中只可放置 <picker-view-column/> 组件，其他节点不会显示。

picker-view-column 为滚动选择器项目组件，仅可放置于 <picker-view /> 中，其子节点的高度会自动设置成与 picker-view 的选中框的高度一致。

示例代码如下：

```
<!--picker-view.wxml-->
<view>
  <view>{{year}} 年 {{month}} 月 {{day}} 日 </view>
  <picker-view indicator-style="height: 50px;" style="width: 100%; height:
    300px;" value="{{value}}" bindchange="bindChange">
    <picker-view-column>
      <view wx:for="{{years}}" style="line-height: 50px">{{item}} 年 </view>
    </picker-view-column>
    <picker-view-column>
      <view wx:for="{{months}}" style="line-height: 50px">{{item}} 月 </view>
    </picker-view-column>
    <picker-view-column>
      <view wx:for="{{days}}" style="line-height: 50px">{{item}} 日 </view>
    </picker-view-column>
  </picker-view>
</view>

// picker-view.js
const date = new Date()
const years = []
const months = []
const days = []

for (let i = 1990; i <= date.getFullYear(); i++) {
  years.push(i)
}

for (let i = 1 ; i <= 12; i++) {
  months.push(i)
}

for (let i = 1 ; i <= 31; i++) {
  days.push(i)
}

Page({
  data: {
    years: years,
    year: date.getFullYear(),
    months: months,
    month: 2,
```

```
      days: days,
      day: 2,
      year: date.getFullYear(),
      value: [9999, 1, 1],
    },
    bindChange: function(e) {
      const val = e.detail.value
      this.setData({
        year: this.data.years[val[0]],
        month: this.data.months[val[1]],
        day: this.data.days[val[2]]
      })
    }
  })
```

运行上述代码，我们将得到的视图展现如图 4-13 所示。

图 4-13　picker-view 和 picker-view-column 组件组合应用的示例视图

4.3.9　radio-group

radio-group 为单项选择器组件，内部由多个 <radio/> 组成，具有 bindchange 属性。该属性类型为 EventHandle，<radio-group/> 中的选中项发生变化时触发 change 事件，event.detail = {value: 选中项 radio 的 value}。

radio 为单选项目组件，具有如下属性：

属性名	类型	默认值	说　　明
value	String		`<radio/>` 标识。当该 `<radio/>` 选中时，`<radio-group/>` 的 change 事件会携带 `<radio/>` 的 value。
checked	Boolean	false	当前是否选中。
disabled	Boolean	false	是否禁用。
color	Color		radio 的颜色，同 CSS 的 color。

示例代码如下：

```
// radio.wxml
<radio-group class="radio-group" bindchange="radioChange">
  <label class="radio" wx:for="{{items}}">
    <radio value="{{item.name}}" checked="{{item.checked}}"/>{{item.value}}
  </label>
</radio-group>
```

```
// radio.js
Page({
  data: {
    items: [
      {name: 'USA', value: '美国'},
      {name: 'CHN', value: '中国', checked: 'true'},
      {name: 'BRA', value: '巴西'},
      {name: 'JPN', value: '日本'},
      {name: 'ENG', value: '英国'},
      {name: 'TUR', value: '法国'},
    ]
  },
  radioChange: function(e) {
    console.log('radio 发生 change 事件，携带 value 值为: ', e.detail.value)
  }
})
```

运行上述代码，我们将得到的视图展现如图 4-14 所示。

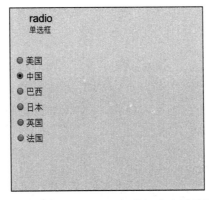

图 4-14　radio 和 radio-group 组件组合应用的示例视图

4.3.10 slider

slider 为滑动选择器组件，具有如下属性：

属性名	类 型	默认值	说 明
min	Number	0	最小值。
max	Number	100	最大值。
step	Number	1	步长，取值必须大于 0，并且可被（max - min）整除。
disabled	Boolean	false	是否禁用。
value	Number	0	当前取值。
color	Color	#e9e9e9	背景条颜色。
selected-color	Color	#1aad19	已选择的颜色。
show-value	Boolean	false	是否显示当前 value。
bindchange	EventHandle		完成一次拖动后触发的事件，event.detail = {value: value}。

示例代码如下：

```
// slider.wxml
<view class="section section_gap">
  <text class="section__title">设置 left/right icon</text>
  <view class="body-view">
    <slider bindchange="slider1change" left-icon="cancel" right-icon="success_
      no_circle"/>
  </view>
</view>

<view class="section section_gap">
  <text class="section__title">设置 step</text>
  <view class="body-view">
    <slider bindchange="slider2change" step="5"/>
  </view>
</view>

<view class="section section_gap">
  <text class="section__title">显示当前 value</text>
  <view class="body-view">
    <slider bindchange="slider3change" show-value/>
  </view>
</view>

<view class="section section_gap">
  <text class="section__title">设置最小 / 最大值 </text>
  <view class="body-view">
```

```
    <slider bindchange="slider4change" min="50" max="200" show-value/>
  </view>
</view>

// slider.js
var pageData = {}
for (var i = 1; i < 5; i++) {
  (function (index) {
    pageData['slider' + index + 'change'] = function(e) {
      console.log('slider' + 'index' + '发生 change 事件，携带值为 ', e.detail.value)
    }
  })(i)
}
Page(pageData)
```

运行上述示例代码，我们将得到的视图展现如图 4-15 所示。

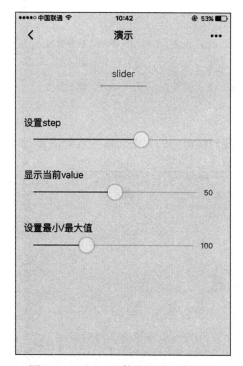

图 4-15　slider 组件应用的示例视图

4.3.11　switch

switch 是开关选择器组件，具有如下属性：

属性名	类型	默认值	说　明
checked	Boolean	false	是否选中。
type	String	switch	样式，有效值包括：switch 和 checkbox。
bindchange	EventHandle		checked 改变时触发 change 事件，event.detail = {value:checked}。
color	Color		switch 的颜色，同 CSS 的 color。

示例代码如下：

```
// switch.wxml
<view class="body-view">
    <switch checked bindchange="switch1Change"/>
    <switch bindchange="switch2Change"/>
</view>

// switch.js
Page({
  switch1Change: function (e){
    console.log('switch1 发生 change 事件,携带值为 ', e.detail.value)
  },
  switch2Change: function (e){
    console.log('switch2 发生 change 事件,携带值为 ', e.detail.value)
  }
})
```

运行上述示例代码，我们将得到的视图展示大致如图 4-16 所示。

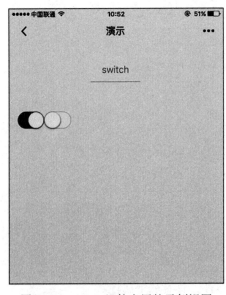

图 4-16　switch 组件应用的示例视图

4.3.12 textarea

textarea 是多行输入框组件，具有如下属性：

属性名	类 型	默认值	说 明
value	String		输入框的内容。
placeholder	String		输入框为空时的占位符。
placeholder-style	String		指定 placeholder 的样式。
placeholder-class	String	textarea-placeholder	指定 placeholder 的样式类。
disabled	Boolean	false	是否禁用。
maxlength	Number	140	最大输入长度，设置为 0 的时候不限制最大长度。
auto-focus	Boolean	false	自动聚焦，拉起键盘。页面中只能有一个 \<textarea/\> 或 \<input/\> 被设置为 auto-focus 属性。
focus	Boolean	false	获取焦点。
auto-height	Boolean	false	是否自动增高，设置 auto-height 时，style.height 不生效。
fixed	Boolean	false	如果 textarea 是在一个 position:fixed 的区域，需要显示指定属性 fixed 为 true。
cursor-spacing	Number	0	指定光标与键盘的距离，单位为 px。取 textarea 距离底部的距离和 cursor-spacing 指定的距离的最小值作为光标与键盘的距离。
bindfocus	EventHandle		输入框聚焦时触发，event.detail = {value: value}。
bindblur	EventHandle		输入框失去焦点时触发，event.detail = {value: value}。
bindlinechange	EventHandle		输入框行数变化时调用，event.detail = {height: 0, heightRpx: 0, lineCount: 0}。
bindinput	EventHandle		当键盘输入时，触发 input 事件，event.detail = {value: value}，bindinput 处理函数的返回值并不会反映到 textarea 上。
bindconfirm	EventHandle		点击完成时，触发 confirm 事件，event.detail = {value: value}。

> **注意**
> - textarea 的 blur 事件会晚于页面上的 tap 事件，如果需要在 button 的点击事件获取 textarea，可以使用 form 的 bindsubmit。
> - 不建议在多行文本上对用户的输入进行修改，所以 textarea 的 bindinput 处理函数并不会将返回值反映到 textarea 上。

> - textarea 组件是由客户端创建的原生组件，它的层级是最高的。
> - 请勿在 scroll-view 中使用 textarea 组件。
> - CSS 动画对 textarea 组件无效。

示例代码如下：

```
<!--textarea.wxml-->
<view class="section">
  <textarea bindblur="bindTextAreaBlur" auto-height placeholder="自动变高" />
</view>
<view class="section">
  <textarea placeholder="placeholder颜色是红色的" placeholder-style="color:red;" />
</view>
<view class="section">
  <textarea placeholder="这是一个可以自动聚焦的textarea" auto-focus />
</view>
<view class="section">
  <textarea placeholder="这个只有在按钮点击的时候才聚焦" focus="{{focus}}" />
  <view class="btn-area">
    <button bindtap="bindButtonTap">使得输入框获取焦点</button>
  </view>
</view>
// textarea.js
Page({
  data: {
    height: 20,
    focus: false
  },
  bindButtonTap: function() {
    this.setData({
      focus: true
    })
  },
  bindTextAreaBlur: function(e) {
    console.log(e.detail.value)
  }
})
```

4.4 互动操作组件

互动操作组件包括：action-sheet、modal、toast、loading，用于实现让小程序应用对用户操作做出反馈，如菜单弹出、模态信息、通知及加载等待等。这部分互动操作组件已升级迭代为更为方便使用的 API 接口，详情可参考第 5 章。

4.4.1　action-sheet

action-sheet 是从屏幕底部出现的菜单表的组件，具有 bindchange 属性，类型为 EventHandle，点击背景或 action-sheet-cancel 按钮时触发 change 事件，不携带数据。

action-sheet-item 为 action-sheet 的子选项，即底部菜单表的子选项组件。action-sheet-cancel 为底部菜单表的取消按钮组件，同 <action-sheet-item/> 组件的区别是，点击它会触发 <action-sheet/> 的 change 事件，并且外观上会同它上面的内容间隔开来。

示例代码如下：

```
// action-sheet.wxml
<button type="default" bindtap="actionSheetTap"> 弹出 action sheet</button>
<action-sheet hidden="{{actionSheetHidden}}" bindchange="actionSheetChange">
  <block wx:for="{{actionSheetItems}}">
    <action-sheet-item class="item" bindtap="bindItemTap" data-name="{{item}}">
      {{item}}</action-sheet-item>
  </block>
  <action-sheet-cancel class="cancel"> 取消 </action-sheet-cancel>
</action-sheet>

// action-sheet.js
Page({
  data:{
    actionSheetHidden: true,
    actionSheetItems: ['item1', 'item2', 'item3', 'item4']
  },
  actionSheetTap: function(e) {
    this.setData({
      actionSheetHidden: !this.data.actionSheetHidden
    })
  },
  actionSheetChange: function(e) {
    this.setData({
      actionSheetHidden: !this.data.actionSheetHidden
    })
  },
  bindItemTap:function(e){
    console.log('tap ' + e.currentTarget.dataset.name)
  }
})
```

运行上述示例代码，我们得到的页面视图展现大致如图 4-17 所示。

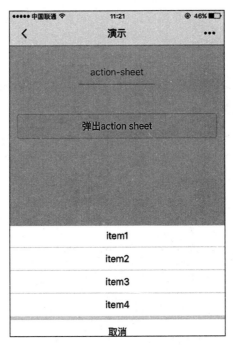

图 4-17　action-sheet 组件应用的示例视图

4.4.2　modal

modal 为模态弹窗组件，具有如下属性：

属性名	类　型	默认值	说　明
title	String		标题。
no-cancel	Boolean	False	是否隐藏 cancel 按钮。
confirm-text	String	确定	confirm 按钮文字。
cancel-text	String	取消	cancel 按钮文字。
bindconfirm	EventHandle		点击 confirm 触发的回调。
bindcancel	EventHandle		点击 cancel 以及蒙层触发的回调。

示例代码如下：

```
// modal.wxml
<modal title="标题" confirm-text="confirm" cancel-text="cancel" hidden="{{modalHidden}}"
  bindconfirm="modalChange" bindcancel="modalChange">
    // 这是对话框的内容。
</modal>

<modal class="modal" hidden="{{modalHidden2}}" no-cancel bindconfirm="modalChange2">
```

```
  <view> 内容可以插入节点 </view>
</modal>

<view class="btn-area">
  <button type="default" bindtap="modalTap"> 点击弹出 modal</button>
  <button type="default" bindtap="modalTap2"> 点击弹出 modal2</button>
</view>

// modal.js
Page({
  data: {
    modalHidden: true,
    modalHidden2: true
  },
  modalTap: function(e) {
    this.setData({
      modalHidden: false
    })
  },
  modalChange: function(e) {
    this.setData({
      modalHidden: true
    })
  },
  modalTap2: function(e) {
    this.setData({
      modalHidden2: false
    })
  },
  modalChange2: function(e) {
    this.setData({
      modalHidden2: true
    })
  },
})
```

运行上述示例代码，我们得到的视图展现大致如图 4-18 所示。

4.4.3　toast

toast 是消息提示框组件，具有如下属性：

属性名	类 型	默认值	说　明
duration	Float	1500	hidden 设置 false 后，触发 bindchange 的延时，单位为 ms。
bindchange	EventHandle		duration 延时后触发。

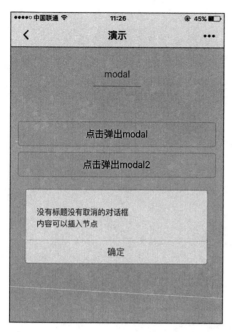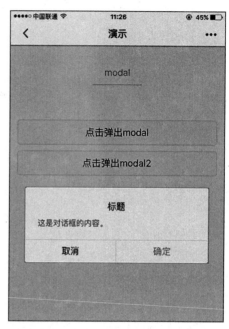

图 4-18　modal 组件应用的示例视图

示例代码如下：

```
// toast.wxml
<view class="body-view">
  <toast hidden="{{toast1Hidden}}" bindchange="toast1Change">
    默认
  </toast>
  <button type="default" bindtap="toast1Tap">点击弹出默认 toast</button>
</view>
<view class="body-view">
  <toast hidden="{{toast2Hidden}}" duration="3000" bindchange="toast2Change">
    设置 duration
  </toast>
  <button type="default" bindtap="toast2Tap">点击弹出设置 duration 的 toast</button>
</view>

// toast.js
var toastNum = 2
var pageData = {}
pageData.data = {}
for(var i = 0; i <= toastNum; ++i) {
  pageData.data['toast'+i+'Hidden'] = true
  ;(function (index) {
    pageData['toast'+index+'Change'] = function(e) {
      var obj = {}
```

```
      obj['toast'+index+'Hidden'] = true
      this.setData(obj)
    }
    pageData['toast'+index+'Tap'] = function(e) {
      var obj = {}
      obj['toast'+index+'Hidden'] = false
      this.setData(obj)
    }
  })(i)
}
Page(pageData)
```

运行上述示例代码，我们可以得到的视图展现大致如图 4-19 所示。

4.4.4 loading

loading 为加载提示组件。

示例代码如下：

```
// loading.wxml
<view class="body-view">
  <loading hidden="{{hidden}}" bindchange="loadingChange">
    加载中 ...
  </loading>
  <button type="default" bindtap="loadingTap">点击弹出 loading</button>
</view>

// loading.js
Page({
  data: {
    hidden: true
  },
  loadingChange: function () {
    this.setData({
      hidden: true
    })
  },
  loadingTap: function () {
    this.setData({
      hidden: false
    })

    var that = this
    setTimeout(function () {
      that.setData({
        hidden: true
      })
```

```
        }, 1500)
    }
})
```

运行上述示例代码，视图展现大致如图 4-20 所示。

图 4-19   toast 组件应用的示例视图

图 4-20   loading 组件应用的示例视图

4.5   页面导航组件

Navigator（导航组件）为页面链接组件。<navigator></navigator> 类似于 HTML 中的 a 标签，但无 target 属性，默认跳转到新页面，redirect 为在当前页面打开。navigator 组件具有如下属性：

属性名	类 型	默认值	说 明
url	String		应用内的跳转链接。
redirect	Boolean	false	打开方式为页面重定义，对应于 wx.redirectTo。
open-type	String	navigator	可选值 'navigator'、'redirect'、'switchTab'，对应于 wx.navigatorTo、wx.redirectTo、wx.switchTab 的功能。
hover-class	String	navigator-hover	指定点击时的样式类，当 hover-class="none" 时，没有点击态效果。
hover-start-time	Number	50	按住后多久出现点击态，单位为 ms。
hover-stay-time	Number	600	手指松开后点击态保留时间，单位为 ms。

> **注意** navigator-hover 默认为 {background-color: rgba(0, 0, 0, 0.1); opacity: 0.7;},
> <navigator/> 的子节点背景色应为透明色。

示例代码如下:

```
/** wxss **/
/** 修改默认的 navigator 点击态 **/
.navigator-hover {
    color:blue;
}
/** 自定义其他点击态样式类 **/
.other-navigator-hover {
    color:red;
}

<!-- sample.wxml -->
<view class="btn-area">
  <navigator url="navigate?title=navigate" hover-class="navigator-hover"> 跳
    转到新页面 </navigator>
  <navigator url="redirect?title=redirect" redirect hover-class="other-navigator-
    hover"> 在当前页打开
      </navigator>
</view>

<!-- navigator.wxml -->
<view style="text-align:center"> {{title}} </view>
<view> 点击左上角返回, 回到之前页面 </view>
<!-- redirect.wxml -->
<view style="text-align:center"> {{title}} </view>
<view> 点击左上角返回, 回到上级页面 </view>

// redirect.js navigator.js
Page({
  onLoad: function(options) {
    this.setData({
      title: options.title
    })
  }
})
```

navigator 组件可以帮助我们实现页面路由或跳转。事实上, 路由在小程序项目开发中一直是个核心点。由于微信团队的小程序开发框架在路由方面做了很好的封装, 开发者不用去配置太多的路由, 所以介绍比较简单。API 方面, 微信团队提供了页面路由的三个 API 方法:

- wx.navigateTo (OBJECT): 保留当前页面, 跳转到应用内的某个页面, 使用 wx.navigateBack 可以返回到原页面。

- wx.redirectTo（OBJECT）：关闭当前页面，跳转到应用内的某个页面。
- wx.navigateBack()：关闭当前页面，回退至前一页面。

4.6 媒体组件

媒体组件包括 image（图片）组件、audio（音频）组件、video（视频）组件。通过组件的应用，我们可以控制图片、音频、视频内容在页面上的显示方式及加载播放的进程。在页面上合理使用这些组件将极大地丰富小程序的界面内容，使页面更具吸引力。

4.6.1 image

image 为图片引用组件。image 组件与传统 HTML 语言中的 <img></img> 类似，有一系列裁剪 / 缩放的属性，参见表 4-10。

表 4-10　image 组件属性及描述

属性名	类　型	默认值	说　明
src	String		图片资源地址
mode	String	'scaleToFill'	图片裁剪、缩放的模式
binderror	HandleEvent		当错误发生时，发布到 AppService 的事件名，事件对象 event.detail = {errMsg: 'something wrong'}
bindload	HandleEvent		当图片载入完毕时，发布到 AppService 的事件名，事件对象 event. detail = {height:' 图片高度 px', width:' 图片宽度 px'}

注意　image 组件默认宽度为 300px、高度为 225px。

image 组件中的 mode 属性具有 13 种模式，其中有 4 种缩放模式，有 9 种裁剪模式，下面进行具体介绍。

（1）缩放模式

缩放模式	说　明
scaleToFill	不保持纵横比缩放图片，使图片的宽高完全拉伸至填满 image 元素。
aspectFit	保持纵横比缩放图片，使图片的长边能完全显示出来。也就是说，可以完整地将图片显示出来。
aspectFill	保持纵横比缩放图片，只保证图片的短边能完全显示出来。也就是说，图片通常只在水平或垂直方向是完整的，另一个方向将会发生截取。
widthFix	宽度不变，高度自动变化，保持原图宽高比不变。

（2）裁剪模式

裁剪模式	说　明
Top	不缩放图片，只显示图片的顶部区域。
bottom	不缩放图片，只显示图片的底部区域。
center	不缩放图片，只显示图片的中间区域。
Left	不缩放图片，只显示图片的左边区域。
right	不缩放图片，只显示图片的右边区域。
top left	不缩放图片，只显示图片的左上边区域。
top right	不缩放图片，只显示图片的右上边区域。
bottom left	不缩放图片，只显示图片的左下边区域。
bottom right	不缩放图片，只显示图片的右下边区域。

示例代码如下：

```
// image.wxml
<view class="page">
  <view class="page__hd">
    <text class="page__title">image</text>
    <text class="page__desc">图片</text>
  </view>
  <view class="page__bd">
    <view class="section section_gap" wx:for="{{array}}" wx:for-item="item">
      <view class="section__title">{{item.text}}</view>
      <view class="section__ctn">
        <image style="width: 200px; height: 200px; background-color: #eeeeee;"
          mode="{{item.mode}}" src="{{src}}"></image>
      </view>
    </view>
  </view>
</view>

// image.js
Page({
  data: {
    array: [{
      mode: 'scaleToFill',
      text: 'scaleToFill: 不保持纵横比缩放图片，使图片完全适应'
    }, {
      mode: 'aspectFit',
      text: 'aspectFit: 保持纵横比缩放图片，使图片的长边能完全显示出来'
    }, {
      mode: 'aspectFill',
      text: 'aspectFill: 保持纵横比缩放图片，只保证图片的短边能完全显示出来'
    }, {
      mode: 'top',
      text: 'top: 不缩放图片，只显示图片的顶部区域'
    }, {
```

```
      mode: 'bottom',
      text: 'bottom: 不缩放图片，只显示图片的底部区域'
    }, {
      mode: 'center',
      text: 'center: 不缩放图片，只显示图片的中间区域'
    }, {
      mode: 'left',
      text: 'left: 不缩放图片，只显示图片的左边区域'
    }, {
      mode: 'right',
      text: 'right: 不缩放图片，只显示图片的右边边区域'
    }, {
      mode: 'top left',
      text: 'top left: 不缩放图片，只显示图片的左上边区域'
    }, {
      mode: 'top right',
      text: 'top right: 不缩放图片，只显示图片的右上边区域'
    }, {
      mode: 'bottom left',
      text: 'bottom left: 不缩放图片，只显示图片的左下边区域'
    }, {
      mode: 'bottom right',
      text: 'bottom right: 不缩放图片，只显示图片的右下边区域'
    }],
    src: '../../resources/cat.jpg'
  },
  imageError: function(e) {
    console.log('image3 发生 error 事件，携带值为 ', e.detail.errMsg)
  }
})
```

我们按上述示例代码来说明每种模式在 image 组件中的表现形式。假定原图如图 4-21 所示。则每种 image 模式解析参见表 4-11。

图 4-21　image 组件示例原图

表 4-11　image 组件 mode 属性模式解析

模　式	示例图片	说　明
scaleToFill		不保持纵横比缩放图片，使图片完全适应
aspectFit		保持纵横比缩放图片，使图片的长边能完全显示出来
aspectFill		保持纵横比缩放图片，只保证图片的短边能完全显示出来
top		不缩放图片，只显示图片的顶部区域
bottom		不缩放图片，只显示图片的底部区域

（续）

模 式	示例图片	说 明
center		不缩放图片，只显示图片的中间区域
left		不缩放图片，只显示图片的左边区域
right		不缩放图片，只显示图片的右边区域
top left		不缩放图片，只显示图片的左上边区域
top right		不缩放图片，只显示图片的右上边区域

（续）

模 式	示例图片	说 明
bottom left		不缩放图片，只显示图片的左下边区域
bottom right		不缩放图片，只显示图片的右下边区域

4.6.2 audio

audio 为音频组件，属性参见表 4-12。

表 4-12 audio 组件的属性及描述

属性名	类 型	默认值	说 明
id	String		audio 组件的唯一标识
action	Object		控制音频的播放、暂停，播放速率、播放进度的对象，有 method 和 data 两个参数
src	String		要播放音频的资源地址
loop	Boolean	false	是否循环播放
controls	Boolean	true	是否显示默认控件
poster	String		默认控件上的音频封面的图片资源地址，如果 controls 属性值为 false 则设置 poster 无效
name	String	未知音频	默认控件上的音频名字，如果 controls 属性值为 false 则设置 name 无效
author	String	未知作者	默认控件上的作者名字，如果 controls 属性值为 false 则设置 author 无效
binderror	EventHandle		当发生错误时触发 error 事件，detail = {errMsg: MediaError.code}
bindplay	EventHandle		当开始 / 继续播放时触发 play 事件

（续）

属性名	类　型	默认值	说　　明
bindpause	EventHandle		当暂停播放时触发 pause 事件
bindratechange	EventHandle		当播放速率改变时触发 ratechange 事件
bindtimeupdate	EventHandle		当播放进度改变时触发 timeupdate 事件，detail = {currentTime, duration}
bindended	EventHandle		当播放到末尾时触发 ended 事件

上表中 binderror 属性的值为下列 MediaError.code（返回错误码）之一：

返回错误码	描　　述
MEDIA_ERR_ABORTED	获取资源被用户禁止。
MEDIA_ERR_NETWORD	网络错误。
MEDIA_ERR_DECODE	解码错误。
MEDIA_ERR_SRC_NOT_SUPPOERTED	不合适资源。

action 组件需要使用音频 API：wx.createAudioContext 来获取 audio 的上下文 context，用法如下：

```
<!-- audio.wxml -->
<audio poster="{{poster}}" name="{{name}}" author="{{author}}" src=
  "{{src}}" id="myAudio" controls loop></audio>

<button type="primary" bindtap="audioPlay"> 播放 </button>
<button type="primary" bindtap="audioPause"> 暂停 </button>
<button type="primary" bindtap="audio14"> 设置当前播放时间为 14 秒 </button>
<button type="primary" bindtap="audioStart"> 回到开头 </button>
// audio.js
Page({
  onReady: function (e) {
    // 使用 wx.createAudioContext 获取 audio 上下文 context
    this.audioCtx = wx.createAudioContext('myAudio')
  },
  data: {
    poster: 'http://y.gtimg.cn/music/photo_new/T002R300x300M000003rsKF44GyaSk.
      jpg?max_age=2592000',
    name: ' 此时此刻 ',
    author: ' 许巍 ',
    src: 'http://ws.stream.qqmusic.qq.com/M500001VfvsJ21xFqb.mp3?guid=fffff
      fff82def4af4b12b3cd9337d5e7&uin=346897220&vkey=6292F51E1E384E06DCBDC
      9AB7C49FD713D632D313AC4858BACB8DDD29067D3C601481D36E62053BF8DFEAF74C0
      A5CCFADD6471160CAF3E6A&fromtag=46',
  },
  audioPlay: function () {
    this.audioCtx.play()
```

```
  },
  audioPause: function () {
    this.audioCtx.pause()
  },
  audio14: function () {
    this.audioCtx.seek(14)
  },
  audioStart: function () {
    this.audioCtx.seek(0)
  }
})
```

运行上述示例代码，可得到的大致视图展现如

图 4-22 所示。

图 4-22　audio 组件应用界面示例

4.6.3　video

video 为视频组件，属性参见表 4-13。

表 4-13　video 组件属性及描述

属性名	类　型	默认值	说　　明
src	String		要播放视频的资源地址
controls	Boolean	True	是否显示默认播放控件（播放 / 暂停按钮、播放进度、时间）
danmu-list	Object Array		弹幕列表
danmu-btn	Boolean	False	是否显示弹幕按钮，只在初始化时有效，不能动态变更
enable-danmu	Boolean	False	是否展示弹幕，只在初始化时有效，不能动态变更
autoplay	Boolean	False	是否自动播放
bindplay	EventHandle		当开始 / 继续播放时触发 play 事件
bindpause	EventHandle		当暂停播放时触发 pause 事件
bindended	EventHandle		当播放到末尾时触发 ended 事件
objectFit	String	contain	当视频大小与 video 容器大小不一致时，视频的表现形式。contain：包含，fill：填充，cover：覆盖

> **注意**　video 标签认宽度 300px、高度 225px，设置宽高需要通过 WXSS 设置
> width 和 height。

示例代码如下：

```
// video.wxml
<view class="section tc">
  <video src="{{src}}"  controls ></video>
  <view class="btn-area">
    <button bindtap="bindButtonTap">获取视频 </button>
  </view>
```

```
    </view>

<view class="section tc">
  <video id="myVideo"
    src="http://wxsnsdy.tc.qq.com/105/20210/snsdyvideodown
    load?filekey=30280201010421301f0201690402534804102ca905ce620b1241b726bc
      41dcff44e00204012882540400&bizid=1023&hy=SH&fileparam=302c0201010425
        30230204136ffd93020457e3c4ff02024ef202031e8d7f02030f42400204045a320
          a0201000400" binderror="videoErrorCallback" danmu-list="{{danmuList}}"
            enable-danmu danmu-btn controls></video>
  <view class="btn-area">
    <button bindtap="bindButtonTap">获取视频 </button>
    <input bindblur="bindInputBlur"/>
    <button bindtap="bindSendDanmu">发送弹幕 </button>
  </view>
</view>

// video.js
function getRandomColor () {
  let rgb = []
  for (let i = 0 ; i < 3; ++i){
    let color = Math.floor(Math.random() * 256).toString(16)
    color = color.length == 1 ? '0' + color : color
    rgb.push(color)
  }
  return '#' + rgb.join('')
}

Page({
  onReady: function (res) {
    this.videoContext = wx.createVideoContext('myVideo')
  },
  inputValue: '',
    data: {
        src: '',
    danmuList: [
      {
        text: '第 1 秒 出现的弹幕 ',
        color: '#ff0000',
        time: 1
      },
      {
        text: '第 3 秒 出现的弹幕 ',
        color: '#ff00ff',
        time: 3
      }
    ]
    },
```

```
bindInputBlur: function(e) {
  this.inputValue = e.detail.value
},
  bindButtonTap: function() {
      var that = this
      wx.chooseVideo({
          sourceType: ['album', 'camera'],
          maxDuration: 60,
          camera: ['front','back'],
          success: function(res) {
              that.setData({
                  src: res.tempFilePath
              })
          }
      })
  },
bindSendDanmu: function () {
  this.videoContext.sendDanmu({
    text: this.inputValue,
    color: getRandomColor()
  })
},
  videoErrorCallback: function(e) {
    console.log('视频错误信息 :')
    console.log(e.detail.errMsg)
  }
})
```

上述示例代码运行视图展现如图 4-23 所示。

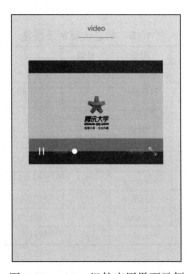

图 4-23　video 组件应用界面示例

4.7　地图组件

map 组件（地图组件），用于在页面上显示地图。最常用于 LBS 服务或位置指引。map 组件的属性参见表 4-14。

表 4-14　map 组件属性及描述

属性名	类　　型	默认值	说　　明
longitude	Number		中心经度
latitude	Number		中心纬度
scale	Number	16	缩放级别
markers	Array		标记点
polyline	Array		路线
circles	Array		圆
controls	Array		控件
include-points	Array		缩放视野以包含所有给定的坐标点
show-location	Boolean		显示带有方向的当前定位点
bindmarkertap	EventHandle		点击标记点时触发
bindcontroltap	EventHandle		点击控件时触发
bindregionchange	EventHandle		视野发生变化时触发
bindtap	EventHandle		点击地图时触发

map 组件有四个非常重要的对象：markers（标记点）、polyline（路线）、circles（圆）与 controls（控件）。其中 markers 对象，用于在地图上显示标记的位置，不能自定义图标和样式。标记点的属性参见表 4-15。

表 4-15　标记点属性及描述

属　　性	说　　明	类　型	必填	备　　注
id	标记点 id	Number	否	marker 点击事件回调会返回此 id
latitude	纬度	Number	是	浮点数，范围 -90 ~ 90
longitude	经度	Number	是	浮点数，范围 -180 ~ 180
title	标注点名	String	否	
iconPath	显示的图标	String	是	项目目录下的图片路径，支持相对路径写法，以 '/' 开头则表示相对小程序根目录
rotate	旋转角度	Number	否	顺时针旋转的角度，范围 0 ~ 360，默认为 0
alpha	标注的透明度	Number	否	默认 1，无透明
width	标注图标宽度	Number	否	默认为图片的实际宽度
height	标注图标高度	Number	否	默认为图片的实际高度

polyline(路线) 对象为一个数组，用于在地图上指定一系列坐标点，从数组的第一

项连线到最后一项。路线对象的属性如下：

属性	说明	类型	必填	备　注
points	经纬度数组	Array	是	[{latitude: 0, longitude: 0}]。
color	线的颜色	String	否	8 位十六进制表示，后两位表示 alpha 值，如：#000000AA。
width	线的宽度	Number	否	
dottedLine	是否虚线	Boolean	否	默认为 false。

circles（圆）对象用于在地图显示圆。圆对象的属性参见表 4-16。

表 4-16　圆的属性及描述

属　性	说　明	类　型	必填	备　注
latitude	纬度	Number	是	浮点数，范围 -90 ~ 90
longitude	经度	Number	是	浮点数，范围 -180 ~ 180
color	描边的颜色	String	否	8 位十六进制表示，后两位表示 alpha 值，如：#000000AA
fillColor	填充的颜色	String	否	8 位十六进制表示，后两位表示 alpha 值，如：#000000AA
radius	半径	Number	是	
strokeWidth	描边的宽度	Number	否	

controls（控件）对象用于在地图上显示控件，控件不随着地图移动。控件对象的属性参见表 4-17。

表 4-17　控件属性及描述

属　性	说　明	类　型	必填	备　注
id	控件 id	Number	否	在控件点击事件回调会返回此 id
position	控件在地图的位置	Object	是	控件相对地图的位置
iconPath	显示的图标	String	是	项目目录下的图片路径，支持相对路径写法，以 '/' 开头则表示相对小程序根目录
clickable	是否可点击	Boolean	否	默认不可点击

控件属性中的 position(控件位置) 是一个对象为，具有如下属性：

属性	说明	类型	必填	备　注
left	距离地图的左边界有多远。	Number	否	默认为 0
top	距离地图的上边界有多远。	Number	否	默认为 0
width	控件宽度。	Number	否	默认为图片宽度
height	控件高度。	Number	否	默认为图片高度

注意　地图组件的经纬度必填，如果不填经纬度则默认值是北京的经纬度。

示例代码如下：

```
<!-- map.wxml -->
<map id="map" longitude="113.324520" latitude="23.099994" scale=
  "14" controls="{{controls}}" bindcontroltap="controltap" markers=
  "{{markers}}" bindmarkertap="markertap" polyline="{{polyline}}"
  bindregionchange="regionchange" show-location style="width: 100%;
  height: 300px;"></map>
// map.js
Page({
  data: {
    markers: [{
      iconPath: "/resources/others.png",
      id: 0,
      latitude: 23.099994,
      longitude: 113.324520,
      width: 50,
      height: 50
    }],
    polyline: [{
      points: [{
        longitude: 113.3245211,
        latitude: 23.10229
      }, {
        longitude: 113.324520,
        latitude: 23.21229
      }],
      color:"#FF0000DD",
      width: 2,
      dottedLine: true
    }],
    controls: [{
      id: 1,
      iconPath: '/resources/location.png',
      position: {
        left: 0,
        top: 300 - 50,
        width: 50,
        height: 50
      },
      clickable: true
    }]
  },
  regionchange(e) {
    console.log(e.type)
```

```
  },
  markertap(e) {
    console.log(e.markerId)
  },
  controltap(e) {
    console.log(e.controlId)
  }
})
```

4.8　画布组件

Canvas 组件（画布组件），可用于实现页面动画。canvas 组件的属性参见表 4-18。

表 4-18　canvas 组件属性及描述

属性名	类　型	默认值	说　明
canvas-id	String		canvas 组件的唯一标识符
disable-scroll	Boolean	false	当在 canvas 中移动时，禁止屏幕滚动以及下拉刷新
bindtouchstart	EventHandle		手指触摸动作开始
bindtouchmove	EventHandle		手指触摸后移动
bindtouchend	EventHandle		手指触摸动作结束
bindtouchcancel	EventHandle		手指触摸动作被打断，如来电提醒，弹窗
bindlongtap	EventHandle		手指长按 500ms 之后触发，触发了长按事件后进行移动不会触发屏幕的滚动
binderror	EventHandle		当发生错误时触发 error 事件，detail = {errMsg: 'something wrong'}

> **注意**
> - canvas 标签默认宽度为 300px、高度为 225px。
> - 同一页面中的 canvas-id 不可重复，如果使用一个已经出现过的 canvas-id，该 canvas 标签对应的画布将被隐藏并不再正常工作。

示例代码如下：

```
<!-- canvas.wxml -->
<canvas style="width: 300px; height: 200px;" canvas-id="firstCanvas"></canvas>
<!-- 当使用绝对定位时，文档流后边的 canvas 的显示层级高于前边的 canvas-->
<canvas style="width: 400px; height: 500px;" canvas-id="secondCanvas"></canvas>
<!-- 因为 canvas-id 与前一个 canvas 重复，该 canvas 不会显示，并会发送一个错误事件到 App
  Service -->
<canvas style="width: 400px; height: 500px;" canvas-id="secondCanvas" binderror=
  "canvasIdErrorCallback"></canvas>
```

```
// canvas.js
Page({
  canvasIdErrorCallback: function (e) {
    console.error(e.detail.errMsg)
  },
  onReady: function (e) {

    // 使用 wx.createContext 获取绘图上下文 context
    var context = wx.createContext()

    context.setStrokeStyle("#00ff00")
    context.setLineWidth(5)
    context.rect(0, 0, 200, 200)
    context.stroke()
    context.setStrokeStyle("#ff0000")
    context.setLineWidth(2)
    context.moveTo(160, 100)
    context.arc(100, 100, 60, 0, 2 * Math.PI, true)
    context.moveTo(140, 100)
    context.arc(100, 100, 40, 0, Math.PI, false)
    context.moveTo(85, 80)
    context.arc(80, 80, 5, 0, 2 * Math.PI, true)
    context.moveTo(125, 80)
    context.arc(120, 80, 5, 0, 2 * Math.PI, true)
    context.stroke()

    // 调用 wx.drawCanvas, 通过 canvasId 指定在哪张画布上绘制, 通过 actions 指定绘制行为
    wx.drawCanvas({
      canvasId: 'firstCanvas',
      actions: context.getActions() // 获取绘图动作数组
    })
  }
})
```

至此，所有的视图组件都介绍完了。但细心的读者应该会发现，没有与 <table></table> 等同的组件。这样有些需要以表格展现的内容就会无法很好地呈现。我们在这里推荐如下这种有效的样式，希望能达到与使用 <table></table> 等同的效果。

```
<!-- sample.wxss -->
.table{display: table;}
.tb-tr{display: table-row;}
.tb-th,
.tb-td{display: table-cell;}
```

4.9 WXML 组件与 HTML 的差异

WXML 与 HTML 最大的差异是标签。目前 WXML 提供的标签很有限，但是它提供

了八大类组件来满足各种需求。我们通过表 4-19 来对比下 WXML 与 HTML 的标签差异。

表 4-19 WXML 与 HTML 的标签差异对比

WXML	HTML
view	article, aside, body, div, ul, li, caption, dd, dl, dt, footer, header, nav, section, table, thead, tbody, tr, td, th, ol, h1, h2, h3, h4, h5, h6, p, em
text	span
navigator	a
image	img
input	input[type='text']
checkbox	input[type='checkbox']
radio	input[type='radio']
button	button
form	form
icon	.ico 后缀的特殊图片格式以 favicon.ico 放在 web 根下或在 <link> 中使用

可见，WXML 在语意方面还不太完善。说明如下：

■ <view> 标签替代了 HTML 里面的大部分标签；

■ <text> 标签是唯一一个可以长按选中文本的标签，而且 text 标签不允许互相嵌套。除此之外它还支持转义符 "/"；

■ <navigator> 标签目前只能作为站内导航，不支持链接外跳。该标签可使用 hover-class 来控制导航链接的点击态样式类，默认值为 "background-color: rgba(0, 0, 0, 0.1); opacity: 0.7;"；

■ <image> 标签是图片标签，这个标签跟 HTML 中的 img 标签差异很大，它并非真正意义上的图片标签，更像是给一个 <view> 设置背景图片，然后默认设置为 "background-size:100% 100%"，所以它提供了 mode 属性来满足各种背景设置需求，也就是文档中的 12 种模式，其中包括 3 种缩放模式、9 种裁剪模式。

■ <input>、<checkbox> 和 <radio> 标签其实是拆分了 HTML 中的 input 标签。

■ <icon> 标签更像是 WXML 提供的一套标准的图标，类型包括了 success、success_no_circle、info、warn、waiting、cancel、download、search、clear。

WXML 除了提供基础的标签外还提供了一套标准化的组件，开发人员可以通过标准化的组件来实现一些 HTML 上比较复杂的功能，例如：可滚动视图区域、滑块视图容器、进度条以及模态弹窗等。

第 5 章　API 接口的开发应用

　　微信强大的基础服务能力均通过 API 接口开放出来，为小程序实现强大功能及适配各种应用场景提供了可能。本章将主要阐述使用各个微信原生 API 接口进行小程序开发。

　　微信团队目前为小程序开发提供了八大类 API 接口：网络 API、媒体 API、文件 API、数据缓存 API、位置 API、设备信息 API、界面 API 以及微信开放接口（见表 5-1）。这些丰富的微信原生 API，主要**用于逻辑层的开发**，用于实现各种具有原生功能体验的小程序处理能力。

表 5-1　微信 API 接口类别及应用描述

接口类别	应用描述
网络 API	提供网络请求、上传下载、webSocket 能力
媒体 API	提供图片、录音、音视频、文件处理能力
文件 API	提供本地文件访问能力
数据缓存 API	提供数据缓存能力
位置 API	提供 LBS 位置获取、查看能力
设备信息 API	提供网络状态、系统信息、重力感应、罗盘等设备相关能力
界面 API	提供设置导航条、导航、动画、绘图等能力
微信开放接口	提供实现用户登录、用户信息、模板消息及微信支付相关能力

 注意　微信团队开放的原生 API 接口数量与功能是动态变化的，可能会随着小程序框架的迭代升级而发生轻微的变化，请留意"微信 Web 开发者工具"的更新日志。

5.1　网络 API

　　网络 API 可能帮助开发者实现网络 URL 访问调用、文件的上传与下载、网络套接字的使用等功能处理。目前微信团队提供了以下 10 个网络 API 接口：

- wx.request（OBJECT）接口用于发起 HTTPS 请求。
- wx.uploadfile（OBJECT）接口用于将本地资源上传到开发者服务器。
- wx.downloadFile（OBJECT）接口用于下载文件资源到本地。

- wx.connectSocket（OBJECT）接口用于创建一个 WebSocket 连接。
- wx.onSocketOpen（CALLBACK）接口用于监听 WebSocket 连接打开事件。
- wx.onSocketError（CALLBACK）接口用于监听 WebSocket 错误。
- wx.sendSocketMessage（OBJECT）接口实现通过 WebSocket 连接发送数据。
- wx.onSocketMessage（CALLBACK）接口实现监听 WebSocket 接收到服务器的消息事件。
- wx.closeSocket() 接口用于关闭 WebSocket 连接。
- wx.onSocketClose（CALLBACK）接口用于实现监听 WebSocket 关闭。

1. wx.request（OBJECT）

wx.request 接口用于发起 HTTPS 请求，请求的默认超时时间与最大超时时间都是 60 秒。wx.request 接口参数（OBJECT）说明见表 5-2。

表 5-2　wx.request 接口参数

参数名	类　型	必　填	说　明
url	String	是	开发者服务器接口地址，url 中不能有端口
data	Object、String	否	请求的参数，最终发送给服务器的数据是 String 类型
header	Object	否	设置请求的 header，header 中不能设置 Referer
method	String	否	其值必须为大写。默认为 GET，有效值：OPTIONS、GET、HEAD、POST、PUT、DELETE、TRACE、CONNECT
dataType	String	否	默认为 json。如果设置了 dataType 为 json，则会尝试对响应的数据做一次 JSON.parse
success	Function	否	收到开发者服务成功返回的回调函数，res = {data: ' 开发者服务器返回的内容 '}
fail	Function	否	接口调用失败的回调函数
complete	Function	否	接口调用结束的回调函数（调用成功、失败都会执行）

> **注意**
> - 小程序仅可以跟指定的域名进行网络通信，每个微信小程序需事先设置通信域名。
> - 一个微信小程序，同时只能有 5 个网络请求连接。
> - 网络请求的 referer 是不可以设置的，格式固定为 https://servicewechat.com/{appid}/{version}/page-frame.html，其中 {appid} 为小程序的 appid，{version} 为小程序的版本号，版本号为 0 表示为开发版。

示例代码如下：

```
wx.request({
  url: 'test.php',
  data: {
    x: '' ,
    y: ''
  },
  header: {
    'Content-Type': 'application/json'
  },
  success: function(res) {
    console.log(res.data)
  }
})
```

2. wx.uploadFile（OBJECT）

wx.uploadfile 接口用于将本地资源上传到开发者服务器。如页面通过 wx.chooseImage 等接口获取到一个本地资源的临时文件路径后，可通过此接口将本地资源上传到指定服务器。客户端发起一个 HTTPS POST 请求，其中 Content-Type 为 multipart/form-data。OBJECT 参数说明见表 5-3。

表 5-3　wx.uploadfile 接口参数

参　　数	类　　型	必　填	说　　明
url	String	是	开发者服务器 URL
filePath	String	是	要上传文件资源的路径
name	String	是	文件对应的 key，开发者在服务器端通过这个 key 可以获取到文件二进制内容
header	Object	否	HTTP 请求 Header，header 中不能设置 Referer
formData	Object	否	HTTP 请求中其他额外的 form data
success	Function	否	接口调用成功的回调函数
fail	Function	否	接口调用失败的回调函数
complete	Function	否	接口调用结束的回调函数（调用成功、失败都会执行）

示例代码如下：

```
wx.chooseImage({
  success: function(res) {
    var tempFilePaths = res.tempFilePaths
    wx.uploadFile({
      url: 'http://example.com/upload',
      filePath: tempFilePaths[0],
```

```
      name: 'file',
      formData:{
        'user': 'test'
      }
    })
  }
})
```

3. wx.downloadFile（OBJECT）

wx.downloadFile（OBJECT）接口用于下载文件资源到本地。客户端直接发起一个 HTTP GET 请求，把下载到的资源根据 type 进行处理，并返回文件的本地临时路径。OBJECT 参数说明见表 5-4。

表 5-4　wx.downloadFile 接口参数

参　数	类　型	必　填	说　明
url	String	是	下载资源的 URL
type	String	否	下载资源的类型，用于客户端识别处理，有效值：image/audio/video
header	Object	否	HTTP 请求 Header
success	Function	否	下载成功后以 tempFilePath 的形式传给页面，res = {tempFilePath: '文件的临时路径'}
fail	Function	否	接口调用失败的回调函数
complete	Function	否	接口调用结束的回调函数（调用成功、失败都会执行）

> **注意**　文件的临时路径，在小程序本次启动期间可以正常使用，如需持久保存，需在主动调用 wx.saveFile，在小程序下次启动时才能访问得到。

示例代码如下：

```
wx.downloadFile({
  url: 'http://example.com/audio/123',
  type: 'audio',
  success: function(res) {
    wx.playVoice({
      filePath: res.tempFilePath
    })
  }
})
```

4. wx.connectSocket（OBJECT）

wx.connectSocket（OBJECT）接口用于创建一个 WebSocket 连接。OBJECT 参数说明见表 5-5。

注意 一个微信小程序同时只能有一个 WebSocket 连接，如果当前已存在一个 WebSocket 连接，会自动关闭该连接，并重新创建一个 WebSocket 连接。

表 5-5　wx.connectSocket 接口参数

参　数	类　型	必　填	说　明
url	String	是	开发者服务器接口地址，必须是 HTTPS 协议，且域名必须是后台配置的合法域名
data	Object	否	请求的数据
header	Object	否	HTTP Header，header 中不能设置 Referer
method	String	否	默认是 GET，有效值为：OPTIONS、GET、HEAD、POST、PUT、DELETE、TRACE、CONNECT
success	Function	否	接口调用成功的回调函数
fail	Function	否	接口调用失败的回调函数
complete	Function	否	接口调用结束的回调函数（调用成功、失败都会执行）

示例代码如下：

```
wx.connectSocket({
  url: 'test.php',
  data:{
    x: '',
    y: ''
  },
  header:{
    'content-type': 'application/json'
  },
  method:"GET"
})
```

5. wx.onSocketOpen（CALLBACK）与 wx.onSocketError（CALLBACK）

wx.onSocketOpen（CALLBACK）接口用于监听 WebSocket 连接打开事件，而 wx.onSocketError（CALLBACK）接口则用于监听 WebSocket 错误。

示例代码如下：

```
wx.connectSocket({
  url: 'test.php'
})
wx.onSocketOpen(function(res){
  console.log('WebSocket 连接已打开！ ')
})
wx.onSocketError(function(res){
  console.log('WebSocket 连接打开失败，请检查！ ')
})
```

6. wx.sendSocketMessage（OBJECT）

wx.sendSocketMessage（OBJECT）接口实现通过 WebSocket 连接发送数据，需要先 wx.connectSocket，并在 wx.onSocketOpen 回调之后才能发送。OBJECT 参数说明见表 5-6。

表 5-6　wx.sendSocketMessage 接口参数

参　数	类　型	必　填	说　明
data	String	是	需要发送的内容
success	Function	否	接口调用成功的回调函数
fail	Function	否	接口调用失败的回调函数
complete	Function	否	接口调用结束的回调函数（调用成功、失败都会执行）

示例代码如下：

```
var socketOpen = false
var socketMsgQueue = []
wx.connectSocket({
  url: 'test.php'
})

wx.onSocketOpen(function(res) {
  socketOpen = true
  for (var i = 0; i < socketMsgQueue.length; i++){
    sendSocketMessage(socketMsgQueue[i])
  }
  socketMsgQueue = []
})

function sendSocketMessage(msg) {
  if (socketOpen) {
    wx.sendSocketMessage({
      data:msg
    })
  } else {
    socketMsgQueue.push(msg)
  }
}
```

7. wx.onSocketMessage（CALLBACK）

wx.onSocketMessage（CALLBACK）接口实现监听 WebSocket 接受到服务器的消息事件。CALLBACK 返回参数有 data，类型为 String，是服务器返回的消息。

示例代码如下：

```
wx.connectSocket({
  url: 'test.php'
```

```
})

wx.onSocketMessage(function(res) {
  console.log(' 收到服务器内容: ' + res.data)
})
```

8. wx.closeSocket() 与 wx.onSocketClose（CALLBACK）

wx.closeSocket() 接口用于关闭 WebSocket 连接。而 wx.onSocketClose(CALLBACK) 接口则用于实现监听 WebSocket 关闭。

示例代码如下：

```
wx.connectSocket({
  url: 'test.php'
})

// 注意这里有时序问题，
// 如果 wx.connectSocket 还没回调 wx.onSocketOpen，而先调用 wx.closeSocket，那么就
// 做不到关闭 WebSocket 的目的。
// 必须在 WebSocket 打开期间调用 wx.closeSocket 才能关闭。
wx.onSocketOpen(function() {
  wx.closeSocket()
})

wx.onSocketClose(function(res) {
  console.log('WebSocket 已关闭! ')
})
```

5.2 媒体 API

媒体 API 帮助开发者在小程序开发时方便、简洁地实现微信中的图片调用与预览、音频录制与播放、音乐播放控制、视频调用以及文件存储等实用功能。

5.2.1 图片 API

图片 API 主要实现对本地相册图片或相机拍照图片的处理，目前包括 3 个 API 接口：

- wx.chooseImage（OBJECT）接口用于从本地相册选择图片或使用相机拍照。
- wx.previewImage（OBJECT）接口用于预览图片。
- wx.getImageInfo（OBJECT）接口用于获取图片信息。

1. wx.chooseImage（OBJECT）

wx.chooseImage（OBJECT）接口用于从本地相册选择图片或使用相机拍照。

OBJECT 参数说明见表 5-7。

表 5-7　wx.chooseImage 接口参数说明

参　数	类　型	必　填	说　明
count	Number	否	最多可以选择的图片张数，默认 9
sizeType	StringArray	否	original 原图，compressed 压缩图，默认二者都有
sourceType	StringArray	否	album 从相册选图，camera 使用相机，默认二者都有
success	Function	是	成功则返回图片的本地文件路径列表 tempFilePaths
fail	Function	否	接口调用失败的回调函数
complete	Function	否	接口调用结束的回调函数（调用成功、失败都会执行）

> **注意**　文件的临时路径，在小程序本次启动期间可以正常使用，如需持久保存，需在主动调用 wx.saveFile，在小程序下次启动时才能访问得到。

示例代码如下：

```
wx.chooseImage({
  count: 1,                              // 默认 9
  sizeType: ['original', 'compressed'],  // 可以指定是原图还是压缩图，默认二者都有
  sourceType: ['album', 'camera'],       // 可以指定来源是相册还是相机，默认二者都有
  success: function (res) {
    // 返回选定照片的本地文件路径列表，tempFilePath 可以作为 img 标签的 src 属性显示图片
    var tempFilePaths = res.tempFilePaths
  }
})
```

2. wx.previewImage（OBJECT）

wx.previewImage（OBJECT）接口用于预览图片。OBJECT 参数说明见表 5-8。

表 5-8　wx.previewImage 接口参数说明

参　数	类　型	必　填	说　明
current	String	否	当前显示图片的链接，不填则默认为 urls 的第一张
urls	StringArray	是	需要预览的图片链接列表
success	Function	否	接口调用成功的回调函数
fail	Function	否	接口调用失败的回调函数
complete	Function	否	接口调用结束的回调函数（调用成功、失败都会执行）

示例代码如下：

```
wx.previewImage({
  current: '',     // 当前显示图片的 HTTP 链接
  urls: []         // 需要预览的图片 HTTP 链接列表
})
```

3. wx.getImageInfo（OBJECT）

wx.getImageInfo（OBJECT）接口用于获取图片信息。OBJECT 参数说明见表 5-9。

表 5-9 wx.getImageInfo 接口参数说明

参　数	类　型	必　填	说　明
src	String	是	图片的路径，可以是相对路径，临时文件路径，存储文件路径
success	Function	否	接口调用成功的回调函数
fail	Function	否	接口调用失败的回调函数
complete	Function	否	接口调用结束的回调函数（调用成功、失败都会执行）

success 返回参数说明如下：

参　数	类　型	说　明
Width	Number	图片宽度，单位为 px。
Height	Number	图片高度，单位为 px。
path	String	返回图片的本地路径。

示例代码如下：

```
wx.getImageInfo({
  src: 'images/a.jpg',
  success: function (res) {
    console.log(res.width)
    console.log(res.height)
  }
})

wx.chooseImage({
  success: function (res) {
    wx.getImageInfo({
      src: res.tempFilePaths[0],
      success: function (res) {
        console.log(res.width)
        console.log(res.height)
      }
    })
  }
})
```

5.2.2　录音 API

录音 API 提供了微信语音录制的能力，目前包括两个 API 接口：

■ wx.startRecord（OBJECT）接口实现开始录音。

■ wx.stopRecord() 接口实现主动调用停止录音。

1. wx.startRecord（OBJECT）

wx.startRecord（OBJECT）接口实现开始录音。当主动调用 wx.stopRecord 接口，或者录音超过 1 分钟时自动结束录音，返回录音文件的临时文件路径。OBJECT 参数说明见表 5-10。

表 5-10　wx.startRecord 接口参数说明

参　数	类　型	必　填	说　明
success	Function	否	录音成功后调用，返回录音文件的临时文件路径，res = {tempFilePath: ' 录音文件的临时路径 '}
fail	Function	否	接口调用失败的回调函数
complete	Function	否	接口调用结束的回调函数（调用成功、失败都会执行）

 注意　文件的临时路径，在小程序本次启动期间可以正常使用，如需持久保存，需在主动调用 wx.saveFile，在小程序下次启动时才能访问得到。

2. wx.stopRecord()

wx.stopRecord() 接口实现主动调用停止录音。

示例代码如下：

```
wx.starRecord({
  success: function(res) {
    var tempFilePath = res.tempFilePath
  },
  fail: function(res) {
    // 录音失败
  }
})
setTimeout(function() {
  // 结束录音
  wx.stopRecord()
}, 10000)
```

5.2.3　音频播放控制 API

音频播放控制 API 主要提供了对语音媒体文件的控制，包括播放、暂停、停止及 audio 组件的控制。分别是：

■ wx.playVoice（OBJECT）接口实现开始播放语音。

■ wx.pauseVoice() 接口用于实现暂停正在播放的语音。

- wx.stopVoice() 接口实现结束播放语音。
- wx.createAudioContext（audioId）接口创建并返回 audio 上下文 audioContext 对象，即 audioId 绑定一个 audio 组件。

1. wx.playVoice（OBJECT）

wx.playVoice（OBJECT）接口实现开始播放语音。OBJECT 参数说明见表 5-11。

 注意 同时只允许一个语音文件正在播放，如果前一个语音文件还没播放完，将中断前一个语音播放。

表 5-11　wx.playVoice 接口参数说明

参　数	类　型	必　填	说　明
filePath	String	是	需要播放的语音文件的文件路径
Success	Function	否	接口调用成功的回调函数
Fail	Function	否	接口调用失败的回调函数
Complete	Function	否	接口调用结束的回调函数（调用成功、失败都会执行）

示例代码如下：

```
wx.startRecord({
  success: function(res) {
    var tempFilePath = res.tempFilePath
    wx.playVoice({
      filePath: tempFilePath,
      complete: function(){
      }
    })
  }
})
```

2. wx.pauseVoice()

wx.pauseVoice() 接口用于实现暂停正在播放的语音。再次调用 wx.playVoice 播放同一个文件时，会从暂停处开始播放。如果想从头开始播放，需要先调用 wx.stopVoice。

示例代码如下：

```
wx.startRecord({
  success: function(res) {
    var tempFilePath = res.tempFilePath
    wx.playVoice({
      filePath: tempFilePath
```

```
  })

  setTimeout(function() {
    // 暂停播放
   wx.pauseVoice()
  }, 5000)
  }
})
```

3. wx.stopVoice()

wx.stopVoice() 接口实现结束播放语音。

示例代码如下:

```
wx.startRecord({
  success: function(res) {
    var tempFilePath = res.tempFilePath
    wx.playVoice({
      filePath:tempFilePath
    })

    setTimeout(function(){
      wx.stopVoice()
    }, 5000)
  }
})
```

4. wx.createAudioContext（audioId）

接口创建并返回 audio 上下文 audioContext 对象。audioContext 对象通过 audioId 跟一个 audio 组件绑定，通过它可以操作一个 audio 组件。audioContext 对象具有以下方法列表:

方　法	参　数	说　明
setSrc	无	音频的地址。
play	无	播放。
pause	无	暂停。
seek	position	跳转到指定位置，单位为 s。

示例代码如下:

```
<!-- audio.wxml -->
<audio  src="{{src}}" id="myAudio" ></audio>

<button type="primary" bindtap="audioPlay">播放 </button>
```

```
<button type="primary" bindtap="audioPause">暂停</button>
<button type="primary" bindtap="audio14">设置当前播放时间为 14 秒</button>
<button type="primary" bindtap="audioStart">回到开头</button>
// audio.js
Page({
  onReady: function (e) {
    // 使用 wx.createAudioContext 获取 audio 上下文 context
    this.audioCtx = wx.createAudioContext('myAudio')
    this.audioCtx.setSrc('http://ws.stream.qqmusic.qq.com/M500001VfvsJ21
      xFqb.mp3?guid=ffffffff82def4af4b12b3cd9337d5e7&uin=346897220&vkey=
      6292F51E1E384E06DCBDC9AB7C49FD713D632D313AC4858BACB8DDD29067D3C601481
      D36E62053BF8DFEAF74C0A5CCFADD6471160CAF3E6A&fromtag=46')
    this.audioCtx.play()
  },
  data: {
    src:
  },
  audioPlay: function () {
    this.audioCtx.play()
  },
  audioPause: function () {
    this.audioCtx.pause()
  },
  audio14: function () {
    this.audioCtx.seek(14)
  },
  audioStart: function () {
    this.audioCtx.seek(0)
  }
})
```

5.2.4　音乐播放控制 API

　　音乐播放控制 API 主要实现应用的背景音乐控制，比较适合一些游戏应用场景。共包括 8 个 API：

- wx.getBackgroundAudioPlayerState（OBJECT）接口用于获取音乐播放状态。
- wx.playBackgroundAudio（OBJECT）用于播放音乐。
- wx.pauseBackgroundAudio() 接口实现暂停播放音乐。
- wx.seekBackgroundAudio（OBJECT）接口用于控制音乐播放进度。
- wx.stopBackgroundAudio() 接口实现停止播放音乐。
- wx.onBackgroundAudioPlay（CALLBACK）接口实现监听音乐播放。
- wx.onBackgroundAudioPause（CALLBACK）接口实现监听音乐暂停。
- wx.onBackgroundAudioStop（CALLBACK）接口实现监听音乐停止。

1. wx.getBackgroundAudioPlayerState（OBJECT）

wx.getBackgroundAudioPlayerState（OBJECT）接口用于获取音乐播放状态。OBJECT 参数说明见表 5-12。

表 5-12　wx.getBackgroundAudioPlayerState 接口参数说明

参　数	类　型	必　填	说　明
success	Function	否	接口调用成功的回调函数
fail	Function	否	接口调用失败的回调函数
complete	Function	否	接口调用结束的回调函数（调用成功、失败都会执行）

success 返回参数说明如下：

参　数	说　明
duration	选定音频的长度（单位：s），只有在当前有音乐播放时返回。
currentPosition	选定音频的播放位置（单位：s），只有在当前有音乐播放时返回。
status	播放状态（2：没有音乐在播放，1：播放中，0：暂停中）。
downloadPercent	音频的下载进度（整数，80 代表 80%），只有在当前有音乐播放时返回。
dataUrl	歌曲数据链接，只有在当前有音乐播放时返回。

示例代码如下：

```
wx.getBackgroundAudioPlayerState({
  success: function(res) {
    var status = res.status
    var dataUrl = res.dataUrl
    var currentPosition = res.currentPosition
    var duration = res.duration
    var downloadPercent = res.downloadPercent
  }
})
```

2. wx.playBackgroundAudio（OBJECT）

wx.playBackgroundAudio（OBJECT）用于播放音乐，同时只能有一首音乐正在播放。OBJECT 参数说明见表 5-13。

表 5-13　wx.playBackgroundAudio 接口参数说明

参　数	类　型	必　填	说　明
dataUrl	String	是	音乐链接
title	String	否	音乐标题
coverImgUrl	String	否	封面 URL

（续）

参　数	类　型	必　填	说　明
success	Function	否	接口调用成功的回调函数
fail	Function	否	接口调用失败的回调函数
complete	Function	否	接口调用结束的回调函数（调用成功、失败都会执行）

示例代码如下：

```
wx.playBackgroundAudio({
  dataUrl: '',
  title: '',
  coverImgUrl: ''
})
```

3. wx.seekBackgroundAudio（OBJECT）

接口用于控制音乐播放进度。OBJECT 参数说明见表 5-14。

表 5-14　wx.seekBackgroundAudio 接口参数说明

参　数	类　型	必　填	说　明
position	Number	是	音乐位置，单位为 s
success	Function	否	接口调用成功的回调函数
fail	Function	否	接口调用失败的回调函数
complete	Function	否	接口调用结束的回调函数（调用成功、失败都会执行）

示例代码如下：

```
wx.seekBackgroundAudio({
  position: 30
});
// 暂停播放背景音乐
wx.pauseBackgroundAudio();
// 停止播放背景音乐
wx.stopBackgroundAudio()
```

5.2.5　视频 API

视频 API 主要实现对本地相册视频或相机拍照图片的选取以及创建 video 组件对象，目前包括两个 API 接口：

- wx.chooseVideo（OBJECT）接口用于拍摄视频或从手机相册中选视频。
- wx.createVideoContext（videoId）接口用于创建并返回 video 上下文 videoContext 对象，即 videoId 绑定的一个 video 组件。

1. wx.chooseVideo (OBJECT)

接口用于拍摄视频或从手机相册中选视频，返回视频的临时文件路径。OBJECT 参数说明见表 5-15。

表 5-15　wx.chooseVideo 接口参数说明

参　数	类　型	必　填	说　明
sourceType	StringArray	否	album 从相册选视频，camera 使用相机拍摄，默认为：['album', 'camera']
maxDuration	Number	否	拍摄视频最长拍摄时间，单位为 s。最长支持 60s
camera	StringArray	否	前置或者后置摄像头，默认为前后都有，即：['front', 'back']
success	Function	否	接口调用成功，返回视频文件的临时文件路径，详见返回参数说明
fail	Function	否	接口调用失败的回调函数
complete	Function	否	接口调用结束的回调函数（调用成功、失败都会执行）

返回参数说明如下：

参　数	说　明
tempFilePath	选定视频的临时文件路径。
duration	选定视频的时间长度。
size	选定视频的数据量大小。
height	返回选定视频的长。
width	返回选定视频的宽。

> **注意**　文件的临时路径，在小程序本次启动期间可以正常使用，如需持久保存，需在主动调用 wx.saveFile，在小程序下次启动时才能访问得到。

示例代码如下：

```
// video-choose.wxml
<view class="container">
  <video src="{{src}}"></video>
  <button bindtap="bindButtonTap">获取视频 </button>
</view>

// video.choose.js
Page({
  bindButtonTap: function() {
    var that = this
    wx.chooseVideo({
```

```
        sourceType: ['album','camera'],
        maxDuration: 60,
        camera: ['front','back'],
        success: function(res) {
          that.setData({
            src: res.tempFilePath
          })
        }
      })
    }
  })
```

2. wx.createVideoContext（videoId）

接口用于创建并返回 video 上下文 videoContext 对象。videoContext 对象通过 videoId 跟一个 video 组件绑定，通过它可以操作一个 video 组件。videoContext 对象的方法如下：

方　法	参　数	说　明
play	无	播放。
pause	无	暂停。
seek	position	跳转到指定位置，单位为 s。
sendDanmu	danmu	发送弹幕，danmu 包含两个属性 text、color。

示例代码如下：

```
// videocontext.wxml
<view class="section tc">
  <video id="myVideo"
      src="http:/wxsnsdy.tc.qq.com/105/20210/snsdyvideodownload?filek
ey=302802010
      10421301f0201690402534804102ca905ce620b1241b726bc41dcff44e002040128825
      40400&bizid=1023&hy=SH&fileparam=302c020101042530230204136ffd93020457e3c4ff
      02024ef202031e8d7f02030f42400204045a320a0201000400"    enable-danmu danmu-btn
      controls></video>
  <view class="btn-area">
    <input bindblur="bindInputBlur"/>
    <button bindtap="bindSendDanmu">发送弹幕</button>
  </view>
</view>

// video-context.js
function getRandomColor () {
  let rgb = []
  for (let i = 0 ; i < 3; ++i){
    let color = Math.floor(Math.random() * 256).toString(16)
    color = color.length == 1 ? '0' + color : color
```

```
      rgb.push(color)
    }
    return '#' + rgb.join('')
}

Page({
  onReady: function (res) {
    this.videoContext = wx.createVideoContext('myVideo')
  },
  inputValue: '',
  bindInputBlur: function(e) {
    this.inputValue = e.detail.value
  },
  bindSendDanmu: function () {
    this.videoContext.sendDanmu({
      text: this.inputValue,
      color: getRandomColor()
    })
  }
})
```

5.3　文件 API

文件 API 接口提供了打开、保存、删除等操作本地文件的能力，主要包括以下 API 接口：

- wx.saveFile（OBJECT）接口用于保存文件到本地。
- wx.getSavedFileList（OBJECT）接口用于获取本地已保存的文件列表。
- wx.getSavedFileInfo（OBJECT）接口用于获取本地文件的文件信息。
- wx.removeSavedFile（OBJECT）接口用于删除本地存储的文件。
- wx.openDocument（OBJECT）接口用于新开页面打开文档，支持格式：doc、xls、ppt、pdf、docx、xlsx、pptx。

1. wx.saveFile（OBJECT）

接口用于保存文件到本地。OBJECT 参数说明见表 5-16。

表 5-16　wx.saveFile 接口参数说明

参　　数	类　　型	必　填	说　　明
tempFilePath	String	是	需要保存的文件的临时路径
success	Function	否	返回文件的保存路径，res = {savedFilePath: ' 文件的保存路径 '}
fail	Function	否	接口调用失败的回调函数
complete	Function	否	接口调用结束的回调函数（调用成功、失败都会执行）

示例代码如下：

```
wx.startRecord({
  success: function(res) {
    var tempFilePath = res.tempFilePath
    wx.saveFile({
      tempFilePath: tempFilePath,
      success: function(res) {
        var savedFilePath = res.savedFilePath
      }
    })
  }
})
```

2. wx.getSavedFileList（OBJECT）

接口用于获取本地已保存的文件列表。OBJECT 参数说明见表 5-17。

表 5-17　wx.getSaveFileList 接口参数说明

参　数	类　型	必　填	说　明
success	Function	否	接口调用成功的回调函数，返回结果见 success 返回参数说明
fail	Function	否	接口调用失败的回调函数
complete	Function	否	接口调用结束的回调函数（调用成功、失败都会执行）

success 返回参数说明如下：

参　数	类　型	说　明
errMsg	String	接口调用结果。
fileList	Object Array	文件列表。

fileList 中的项目说明如下：

键	类　型	说　明
filePath	String	文件的本地路径。
createTime	Number	文件的保存时的时间戳，从 1970/01/01 08:00:00 到当前时间的秒数。
size	Number	文件大小，单位为 B。

示例代码如下：

```
wx.getSavedFileList({
  success: function(res) {
    console.log(res.fileList);// 将获取的文件列表信息输出到控制台
  }
})
```

3. wx.getSavedFileInfo（OBJECT）

接口用于获取本地文件的文件信息。OBJECT 参数说明见表 5-18。

表 5-18　wx.getSavedFileInfo 接口参数说明

参　数	类　型	必　填	说　明
filePath	String	是	文件路径
success	Function	否	接口调用成功的回调函数，返回结果见 success 返回参数说明
fail	Function	否	接口调用失败的回调函数
complete	Function	否	接口调用结束的回调函数（调用成功、失败都会执行）

success 返回参数说明如下：

参　数	类　型	说　明
errMsg	String	接口调用结果。
size	Number	文件大小，单位为 B。
createTime	Number	文件的保存是的时间戳，从 1970/01/01 08:00:00 到当前时间的秒数。

示例代码如下：

```
wx.getSavedFileInfo({
  filePath: 'wxfile://somefile', //仅做示例用，非真正的文件路径
  success: function(res) {
    console.log(res.size);//在控制台上输出保存文件的大小
    console.log(res.createTime); //在控制台上输出保存文件的时间
  }
})
```

4. wx.removeSavedFile（OBJECT）

接口用于删除本地存储的文件。OBJECT 参数说明见表 5-19。

表 5-19　wx.removeSavedFileInfo 接口参数说明

参　数	类　型	必　填	说　明
filePath	String	是	需要删除的文件路径
success	Function	否	接口调用成功的回调函数
fail	Function	否	接口调用失败的回调函数
complete	Function	否	接口调用结束的回调函数（调用成功、失败都会执行）

示例代码如下：

```
// 获取本地存储的文件列表
wx.getSavedFileList({
```

```
    success: function(res) {
      if (res.fileList.length > 0){
// 删除本地存储的文件
        wx.removeSavedFile({
          filePath: res.fileList[0].filePath,
          complete: function(res) {
            console.log(res)
          }
        })
      }
    }
  })
```

5. wx.openDocument（OBJECT）

接口用于新开页面打开文档，支持格式为：doc、xls、ppt、pdf、docx、xlsx、pptx。
OBJECT 参数说明见表 5-20。

表 5-20　wx.opeDocument 接口参数说明

参　数	说　明	必　填	说　明
filePath	String	是	文件路径，可通过 downFile 获得
success	Function	否	接口调用成功的回调函数
fail	Function	否	接口调用失败的回调函数
complete	Function	否	接口调用结束的回调函数（调用成功、失败都会执行）

示例代码如下：

```
// 下载网络文件到本地
wx.downloadFile({
  url: 'http://example.com/somefile.pdf',
  success: function (res) {
var filePath = res.tempFilePath
    // 打开下载的文件
    wx.openDocument({
      filePath: filePath,
      success: function (res) {
        console.log(' 打开文档成功 ')
      }
    })
  }
})
```

5.4　数据缓存 API

每个微信小程序都可以有自己的本地缓存，可以通过数据缓存的 API 实现对本地缓存进行设置、获取和清理。本地缓存最大为 10MB。数据缓存 API 包括以下几个：

- wx.setStorage（OBJECT）接口实现将数据存储在本地缓存中指定的 key 中。
- wx.setStorageSync（KEY，DATA）接口用于将 data 存储在本地缓存中指定的 key 中。
- wx.getStorage（OBJECT）接口用于从本地缓存中异步获取指定 key 对应的内容。
- wx.getStorageSync（KEY）接口用于从本地缓存中同步获取指定 key 对应的内容。
- wx.getStorageInfo（OBJECT）接口用于异步获取当前 storage 的相关信息。
- wx.getStorageInfoSync 接口用于同步获取当前 storage 的相关信息。
- wx.removeStorage（OBJECT）接口用于从本地缓存中异步移除指定 key。
- wx.removeStorageSync（KEY）接口用于从本地缓存中同步移除指定 key。
- wx.clearStorage() 接口用于清理本地数据缓存。
- wx.clearStorageSync() 接口用于同步清理本地数据缓存。

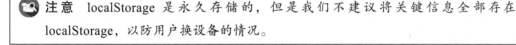

> **注意**　localStorage 是永久存储的，但是我们不建议将关键信息全部存在 localStorage，以防用户换设备的情况。

1. wx.setStorage（OBJECT）

接口实现将数据存储在本地缓存中指定的 key 中，会覆盖掉原来该 key 对应的内容，这是一个异步接口。OBJECT 参数说明见表 5-21。

表 5-21　wx.setStorage 接口参数说明

参　数	类　型	必　填	说　明
key	String	是	本地缓存中的指定的 key
data	Object/String	是	需要存储的内容
success	Function	否	接口调用成功的回调函数
fail	Function	否	接口调用失败的回调函数
complete	Function	否	接口调用结束的回调函数（调用成功、失败都会执行）

示例代码如下：

```
wx.setStorage({
  key:"key"
  data:"value"
})
```

2. wx.setStorageSync（KEY,DATA）

wx.setStorageSync（KEY，DATA）接口用于将 data 存储在本地缓存中指定的 key 中，

会覆盖掉原来该 key 对应的内容，这是一个同步接口。参数说明见表 5-22。

表 5-22　wx.setStorageSync 接口参数说明

参　数	类　型	必　填	说　明
key	String	是	本地缓存中的指定的 key
data	Object/String	是	需要存储的内容

示例代码如下：

```
try {
  wx.setStorageSync('key', 'value')
} catch (e) {
}
```

3. wx.getStorage（OBJECT）与 wx.removeStorage（OBJECT）

wx.getStorage（OBJECT）接口用于从本地缓存中异步获取指定 key 对应的内容。wx.removeStorage（OBJECT）则用于从本地缓存中异步删除指定 key 对应的内容。OBJECT 参数说明见表 5-23。

表 5-23　接口参数说明

参　数	类　型	必　填	说　明
key	String	是	本地缓存中的指定的 key
success	Function	是	接口调用的回调函数，res = {data: key 对应的内容 }
fail	Function	否	接口调用失败的回调函数
complete	Function	否	接口调用结束的回调函数（调用成功、失败都会执行）

示例代码如下：

```
wx.getStorage({
  key: 'key',
  success: function(res) {
      console.log(res.data)
  }
});
wx.removeStorage({
  key: 'key',
  success: function(res) {
    console.log(res.data)
  }
})
```

4. wx.getStorageSync（KEY）与 wx.removeStorageSync（KEY）

wx.getStorageSync（KEY）接口用于从本地缓存中同步获取指定 key 对应的内容。而接口用于从本地缓存中同步移除指定 key 对应的内容。参数为 key，是本地缓存中的指定的 key，必填。

示例代码如下：

```
var value = wx.getStorageSync('key')
if (value) {
    // Do something with return value
}
try {
  wx.removeStorageSync('key')
} catch (e) {
  // Do something when catch error
}
```

5. wx.getStorageInfo（OBJECT）

接口用于异步获取当前 storage 的相关信息。OBJECT 参数说明见表 5-24。

表 5-24　wx.getStorageInfo 接口参数说明

参　　数	类　　型	必　　填	说　　明
success	Function	是	接口调用的回调函数，详见返回参数说明
fail	Function	否	接口调用失败的回调函数
complete	Function	否	接口调用结束的回调函数（调用成功、失败都会执行）

success 返回参数说明如下：

参　　数	类　　型	说　　明
keys	String Array	当前 storage 中所有的 key。
currentSize	Number	当前占用的空间大小，单位为 kb。
limitSize	Number	限制的空间大小，单位为 kb。

示例代码如下：

```
wx.getStorageInfo({
  success: function(res) {
    console.log(res.keys)
    console.log(res.currentSize)
    console.log(res.limitSize)
  }
})
```

6. wx.getStorageInfoSync()

接口用于同步获取当前 storage 的相关信息。

示例代码如下：

```
try {
  var res = wx.getStorageInfoSync()
  console.log(res.keys)
  console.log(res.currentSize)
  console.log(res.limitSize)
} catch (e) {
  // Do something when catch error
}
```

7. wx.clearStorage() 与 wx.clearStorageSync()

wx.clearStorage() 接口用于清理本地数据缓存，wx.clearStorageSync() 接口则用于同步清理本地数据缓存。

示例代码如下：

```
wx.clearStorage()
try {
  wx.clearStorageSync()
} catch(e) {
}
```

5.5　位置 API

位置 API 可以帮助开发者实现小程序中的 LBS 位置相关的功能与调用，包括 4 个 API 接口：

■ wx.getLocation（OBJECT）获取当前的地理位置、速度。

■ wx.chooseLocation（OBJECT）接口用于打开地图选择位置。

■ wx.openLocation（OBJECT）接口用于实现使用微信内置地图查看位置。

■ wx.createMapContext(mapId) 接口用于创建 map 上下文对象 mapContext。

1. wx.getLocation（OBJECT）

获取当前的地理位置、速度。OBJECT 参数说明见表 5-25。

表 5-25　wx.getLocation 接口参数说明

参　　数	类　　型	必　　填	说　　明
type	String	否	默认为 wgs84 返回 gps 坐标，gcj02 返回可用于 wx.openLocation 的坐标
success	Function	是	接口调用成功的回调函数，返回内容详见返回参数说明
fail	Function	否	接口调用失败的回调函数
complete	Function	否	接口调用结束的回调函数（调用成功、失败都会执行）

success 返回参数说明如下：

参　数	说　明
latitude	纬度，浮点数，范围为 −90 ～ 90，负数表示南纬。
longitude	经度，浮点数，范围为 −180 ～ 180，负数表示西经。
speed	速度，浮点数，单位为 m/s。
accuracy	位置的精确度。

示例代码如下：

```
wx.getLocation({
  type: 'wgs84',
  success: function(res) {
    var latitude = res.latitude
    var longitude = res.longitude
    var speed = res.speed
    var accuracy = res.accuracy
  }
})
```

2. wx.chooseLocation（OBJECT）

接口用于打开地图选择位置。OBJECT 参数说明见表 5-26。

表 5-26　wx.chooseLocation 接口参数说明

参　数	类　型	必　填	说　明
success	Function	是	接口调用成功的回调函数，返回内容详见返回参数说明。
cancel	Function	否	用户取消时调用
fail	Function	否	接口调用失败的回调函数
complete	Function	否	接口调用结束的回调函数（调用成功、失败都会执行）

其中 success 返回参数说明如下：

参　数	说　明
name	位置名称。
address	详细地址。
latitude	纬度，浮点数，范围为 −90 ～ 90，负数表示南纬。
longitude	经度，浮点数，范围为 −180 ～ 180，负数表示西经。

3. wx.openLocation（OBJECT）

接口用于实现使用微信内置地图查看位置。OBEJCT 参数说明见表 5-27。

表 5-27　wx.openLocation 接口参数说明

参　数	类　型	必　填	说　明
latitude	Float	是	纬度，范围为 –90 ～ 90，负数表示南纬
longitude	Float	是	经度，范围为 –180 ～ 180，负数表示西经
scale	INT	否	缩放比例，范围 1 ～ 28，默认为 28
name	String	否	位置名
address	String	否	地址的详细说明
success	Function	否	接口调用成功的回调函数
fail	Function	否	接口调用失败的回调函数
complete	Function	否	接口调用结束的回调函数（调用成功、失败都会执行）

示例代码如下：

```
wx.getLocation({
  type: 'gcj02', // 返回值可以用于 wx.openLocation 的经纬度
  success: function(res) {
    var latitude = res.latitude
    var longitude = res.longitude
    wx.openLocation({
      latitude: latitude,
      longitude: longitude,
      scale: 28
    })
  }
})
```

4. wx.createMapContext(mapId)

接口用于创建 map 上下文对象 mapContext。mapContext 通过 mapId 跟一个 <map /> 组件绑定，通过它可以操作对应的 <map /> 组件。mapContext 对象的方法如下：

方法	参数	说　明
getCenterLocation	Object	获取当前地图中心的经纬度，返回的是 gcj02 坐标系，可以用于 wx.openLocation。
moveToLocation	无	将地图中心移动到当前定位点，需要配合 map 组件的 show-location 使用。

其中，getCenterLocation 的 OBJECT 参数说明如下：

参数	类型	必填	说　明
success	Function	否	接口调用的回调函数 ,res = { longitude: " 经度 ", latitude: " 纬度 " }。
fail	Function	否	接口调用失败的回调函数。
complete	Function	否	接口调用结束的回调函数（调用成功、失败都会执行）。

示例代码如下：

```
<!-- map.wxml -->
<map id="myMap" show-location />
<button type="primary" bindtap="getCenterLocation">获取位置</button>
<button type="primary" bindtap="moveToLocation">移动位置</button>


// map.js
Page({
  onReady: function (e) {
    // 使用 wx.createMapContext 获取 map 上下文
    this.mapCtx = wx.createMapContext('myMap')
  },
  getCenterLocation: function () {
    this.mapCtx.getCenterLocation({
      success: function(res){
        console.log(res.longitude)
        console.log(res.latitude)
      }
    })
  },
  moveToLocation: function () {
    this.mapCtx.moveToLocation()
  }
})
```

5.6　设备信息 API

设备信息 API 可以帮助开发者在小程序中实现网络状态、系统信息、重力感应、罗盘、电话等设备相关处理能力。目前包括 6 个 API 接口：

- wx.getNetworkType（OBJECT）接口用于获取网络类型。

- wx.getSystemInfo（OBJECT）接口用于获取系统信息。

- wx.getSystemInfoSync() 接口用于获取系统信息同步。

- wx.onAccelerometerChange（CALLBACK）接口监听重力感应数据。

- wx.onCompassChange（CALLBACK）接口实现监听罗盘数据。

- wx.makePhoneCall（OBJECT）接口用于拨打电话。

- wx.scanCode(OBJECT) 接口用于调取客户端进行扫码。

1. wx.getNetworkType（OBJECT）

接口用于获取网络类型。OBJECT 参数说明见表 5-28。

表 5-28   wx.getNetworkType 接口参数说明

参　数	类　型	必　填	说　明
success	Function	是	接口调用成功，返回网络类型 networkType
fail	Function	否	接口调用失败的回调函数
complete	Function	否	接口调用结束的回调函数（调用成功、失败都会执行）

示例代码如下：

```
wx.getNetworkType({
  success: function(res) {
    var networkType = res.networkType // 返回网络类型 2g, 3g, 4g, wifi
  }
})
```

2. wx.getSystemInfo（OBJECT）与 wx.getSystemInfoSync()

wx.getSystemInfo（OBJECT）接口用于异步获取系统信息。而 wx.getSystemInfoSync() 接口用于同步获取系统信息。OBJECT 参数说明见表 5-29。

表 5-29   wx.getSystemInfo 接口参数说明

参　数	类　型	必　填	说　明
Success	Function	是	接口调用成功的回调
Fail	Function	否	接口调用失败的回调函数
Complete	Function	否	接口调用结束的回调函数（调用成功、失败都会执行）

success 回调参数说明如下：

属　性	说　明
Model	手机型号。
pixelRatio	设备像素比。
windowWidth	窗口宽度。
windowHeight	窗口高度。
language	微信设置的语言。
Version	微信版本号。

示例代码如下：

```
wx.getSystemInfo({
  success: function(res) {
    console.log(res.model)
    console.log(res.pixelRatio)
    console.log(res.windowWidth)
    console.log(res.windowHeight)
```

```
      console.log(res.language)
      console.log(res.version)
    }
  });
  try {
    var res = wx.getSystemInfoSync()
    console.log(res.model)
    console.log(res.pixelRatio)
    console.log(res.windowWidth)
    console.log(res.windowHeight)
    console.log(res.language)
    console.log(res.version)
  } catch (e) {
    // Do something when catch error
  }
```

3. wx.onAccelerometerChange（CALLBACK）

接口监听重力感应数据，频率：5 次 / 秒。其中 CALLBACK 返回参数 x、y、z 为 X 轴、Y 轴、Z 轴。

示例代码如下：

```
wx.onAccelerometerChange(function(res) {
  console.log(res.x)
  console.log(res.y)
  console.log(res.z)
})
```

4. wx.onCompassChange（CALLBACK）

接口实现监听罗盘数据，频率：5 次 / 秒。其中 CALLBACK 返回参数 direction，为面对的方向度数，类型为 Number。

示例代码如下：

```
wx.onCompassChange(function (res) {
  console.log(res.direction)
})
```

5. wx.makePhoneCall（OBJECT）

接口用于拨打电话。OBJECT 参数说明见表 5-30。

表 5-30　wx.makePhoneCall 接口参数说明

参　数	类　型	必　填	说　　明
phoneNumber	String	是	需要拨打的电话号码
success	Function	否	接口调用成功的回调

（续）

参　　数	类　　型	必　填	说　　明
fail	Function	否	接口调用失败的回调函数
complete	Function	否	接口调用结束的回调函数（调用成功、失败都会执行）

示例代码如下：

```
wx.makePhoneCall({
  phoneNumber: '1340000' // 仅为示例，并非真实的电话号码
})
```

6. wx.scanCode(OBJECT)

接口用于调取客户端扫码界面，扫码成功后返回对应的结果。OBJECT 参数说明如下：

参数	类型	必填	说　　明
success	Function	否	接口调用成功的回调函数，返回内容详见返回参数说明。
fail	Function	否	接口调用失败的回调函数。
complete	Function	否	接口调用结束的回调函数（调用成功、失败都会执行）。

其中，success 返回参数说明如下：

参数	说　　明
result	所扫码的内容。
scanType	所扫码的类型。
charSet	所扫码的字符集。
path	当所扫的码为当前小程序的合法二维码时，会返回此字段，内容为二维码携带的 path。

示例代码如下：

```
wx.scanCode({
  success: (res) => {
    console.log(res)
  }
})
```

5.7 界面 API

界面 API 的开发应用，可以帮助开发者实现小程序的交互反馈、页面导航、动画、绘图等能力。

5.7.1　交互反馈 API

交互反馈 API 主要用于操作信息提示对话框，包括 4 个 API 接口：

- wx.showToast（OBJECT）接口用于显示消息提示框。
- wx.hideToast() 接口用于隐藏消息提示框。
- wx.showModal（OBJECT）接口用于显示模态弹窗。
- wx.showActionSheet（OBJECT）用于显示操作菜单

1. wx.showToast（OBJECT）与 wx.hideToast()

wx.showToast（OBJECT）接口用于显示消息提示框。wx.hideToast() 接口用于隐藏消息提示框。OBJECT 参数说明见表 5-31。

表 5-31　wx.showToast 接口参数说明

参　数	类　型	必　填	说　明
title	String	是	提示的内容
icon	String	否	图标，只支持 success、loading
duration	Number	否	提示的延迟时间，单位为 ms，默认为 1 500，最大为 10 000
mask	Boolean	否	是否显示透明蒙层，防止触摸穿透，默认为 false
success	Function	否	接口调用成功的回调函数
fail	Function	否	接口调用失败的回调函数
complete	Function	否	接口调用结束的回调函数（调用成功、失败都会执行）

示例代码如下：

```
wx.showToast({
  title: '加载中',
  icon: 'loading',
  duration: 10000
})

setTimeout(function(){
  wx.hideToast()
},2000)
```

2. wx.showModal（OBJECT）

接口用于显示模态弹窗。OBJECT 参数说明见表 5-32。

表 5-32　wx.showModal 接口参数说明

参　数	类　型	必　填	说　明
title	String	是	提示的标题
content	String	是	提示的内容

（续）

参 数	类 型	必 填	说 明
showCancel	Boolean	否	是否显示取消按钮，默认为 true
cancelText	String	否	取消按钮的文字，默认为"取消"，最多 4 个字符
cancelColor	HexColor	否	取消按钮的文字颜色，默认为"#000000"
confirmText	String	否	确定按钮的文字，默认为"确定"，最多 4 个字符
confirmColor	HexColor	否	确定按钮的文字颜色，默认为"#3CC51F"
success	Function	否	接口调用成功的回调函数，返回 res.confirm 为 true 时，表示用户点击确定按钮
fail	Function	否	接口调用失败的回调函数
complete	Function	否	接口调用结束的回调函数（调用成功、失败都会执行）

示例代码如下：

```
wx.showModal({
  title: '提示',
  content: '这是一个模态弹窗',
  success: function(res) {
    if (res.confirm) {
      console.log('用户点击确定')
    }
  }
})
```

3. wx.showActionSheet（OBJECT）

用于显示操作菜单。OBJECT 参数说明见表 5-33。

表 5-33   wx.showActionSheet 接口参数说明

参 数	类 型	必 填	说 明
itemList	String Array	是	按钮的文字数组，数组长度最大为 6 个
itemColor	HexColor	否	按钮的文字颜色，默认为"#000000"
success	Function	否	接口调用成功的回调函数，详见返回参数说明
fail	Function	否	接口调用失败的回调函数
complete	Function	否	接口调用结束的回调函数（调用成功、失败都会执行）

success 返回参数说明如下：

参 数	类 型	说 明
cancel	Boolean	用户是否取消选择。
tapIndex	Number	用户点击的按钮，从上到下的顺序，从 0 开始。

示例代码如下：

```
wx.showActionSheet({
  itemList: ['A', 'B', 'C'],
  success: function(res) {
    if (!res.cancel) {
      console.log(res.tapIndex)
    }
  }
})
```

5.7.2　页面导航 API

页面导航 API 如下：

- wx.setNavigationBarTitle（OBJECT）：动态设置当前页面的标题。
- wx.showNavigationBarLoading()：接口实现在当前页面显示导航条加载动画。
- wx.hideNavigationBarLoading()：接口实现隐藏导航条加载动画。
- wx.navigateTo（OBJECT）：接口实现保留当前页面，跳转到应用内的某个页面，使用 wx.navigateBack() 可以返回到原页面。
- wx.redirectTo（OBJECT）：接口实现关闭当前页面，跳转到应用内的某个页面。
- wx.switchTab（OBJECT）：接口实现跳转 tabBar 页面并关闭其他所有非 tabBar 页面。
- wx.navigateBack（OBJECT）：接口实现关闭当前页面，回退前一页面或多级页面。可通过 getCurrentPages()）获取当前的页面栈，决定需要返回几层。

1. wx.setNavigationBarTitle（OBJECT）

本接口的 OBJECT 参数见表 5-34。

表 5-34　wx.setNavigationBarTitle 接口参数说明

参　　数	类　　型	必　填	说　　明
title	String	否	页面标题
success	Function	否	接口调用成功的回调函数
fail	Function	否	接口调用失败的回调函数
complete	Function	否	接口调用结束的回调函数（调用成功、失败都会执行）

示例代码如下：

```
wx.setNavigationBarTitle({
  title: '当前页面'
})
```

2. wx.navigationTo（OBJECT）与 wx.redirectTo（OBJECT）

这两个接口的 OBJECT 参数见表 5-35。

表 5-35　wx.navigationTo 接口参数说明

参　数	类　型	必　填	说　明
url	String	是	需要跳转的应用内非 tabBar 的页面的路径，路径后可以带参数。参数与路径之间使用 ? 分隔，参数键与参数值用 = 相连，不同参数用 & 分隔；如 'path?key=value&key2=value2'
success	Function	否	接口调用成功的回调函数
fail	Function	否	接口调用失败的回调函数
complete	Function	否	接口调用结束的回调函数（调用成功、失败都会执行）

示例代码如下：

```
// wx.navigateTo 可用 wx.navigateBack() 返回当前页
wx.navigateTo({
  url: 'test?id=1'
});
// wx.redirectTo 则不可使用 wx.navigateBack() 返回当前页
wx.redirectTo({
  url: 'test?id=1'
})
```

3. wx.switchTab(OBJECT)

此接口用于实现跳转到 tabBar 页面，并关闭其他所有非 tabBar 页。该接口的 OBJECT 参数与表 5-35 类似，唯 url 参数的有所不同，url 为需要跳转的 tabBar 页面的路径（需在 app.json 的 tabBar 字段定义的页面），且路径后不能带参数。

示例代码如下：

```
// app.json 中的相关定义
{
  "tabBar": {
    "list": [{
      "pagePath": "index",
      "text": "首页"
    },{
      "pagePath": "other",
      "text": "其他"
    }]
  }
}

// 页面 js 中使用
wx.switchTab({
  url: '/index'
})
```

> **注意**
>
> ■ wx.navigateTo 和 wx.redirectTo 不允许跳转到 tabbar 页面，只能用 wx.switchTab
>   跳转到 tabbar 页面。
>
> ■ 为了不让用户在使用小程序时造成困扰，微信团队规定页面路径只能是五层，
>   请尽量避免多层级的交互方式。

5.7.3　动画 API

动画 API 为 wx.createAnimation（OBJECT），接口用于实现创建动画，并在通过相应方法在页面上描述动画过程。

1. wx.createAnimation（OBJECT）

接口用于创建一个动画实例 animation。动画实例通过调用其相应的方法来描述动画。最后通过动画实例的 export 方法导出动画数据传递给组件的 animation 属性。OBJECT 参数说明见表 5-36。

 注意　export 方法每次调用后会清掉之前的动画操作。

表 5-36　wx.createAnimation 接口参数说明

参　数	类　型	必　填	说　明
duration	Integer	否	动画持续时间，单位为 ms，默认值为 400
timingFunction	String	否	定义动画的效果，默认值为 "linear"，有效值为："linear"、"ease"、"ease-in"、"ease-in-out"、"ease-out"、"step-start"、"step-end"
delay	Integer	否	动画持续时间，单位为 ms，默认值为 0
transformOrigin	String	否	设置 transform-origin，默认为 "50% 50% 0"

示例代码：

```
var animation = wx.createAnimation({
  transformOrigin: "50% 50%",
  duration: 1000,
  timingFunction: "ease",
  delay: 0
})
```

2. 动画实例（animation 对象）的描述

动画实例是 wx.createAnimation 接口创建的对象。它可以调用多种方法来描述动画过程，调用结束后会返回自身，支持链式调用的写法，参见表 5-37。

表 5-37　动画实例的描述方法

描 述	方 法	参 数	说 明
样式描述	opacity	value	透明度，参数范围 0 ~ 1
	backgroundColor	color	颜色值
	width	length	长度值，如果传入 Number 则默认使用 px，可传入其他自定义单位的长度值
	height	length	长度值，如果传入 Number 则默认使用 px，可传入其他自定义单位的长度值
	top	length	长度值，如果传入 Number 则默认使用 px，可传入其他自定义单位的长度值
	left	length	长度值，如果传入 Number 则默认使用 px，可传入其他自定义单位的长度值
	bottom	length	长度值，如果传入 Number 则默认使用 px，可传入其他自定义单位的长度值
	right	length	长度值，如果传入 Number 则默认使用 px，可传入其他自定义单位的长度值
旋转描述	rotate	deg	deg 的范围为 −180 ~ 180，从原点顺时针旋转一个 deg 角度
	rotate	deg	deg 的范围为 −180 ~ 180，在 X 轴旋转一个 deg 角度
	rotate	deg	deg 的范围为 −180 ~ 180，在 Y 轴旋转一个 deg 角度
	rotate	deg	deg 的范围为 −180 ~ 180，在 Z 轴旋转一个 deg 角度
	rotate3d	(x,y,z,deg)	同 transform-function rotate3d
缩放描述	scale	sx,[sy]	一个参数时，表示在 X 轴、Y 轴同时缩放 sx 倍数；两个参数时表示在 X 轴缩放 sx 倍数，在 Y 轴缩放 sy 倍数
	scaleX	sx	在 X 轴缩放 sx 倍数
	scaleY	sy	在 Y 轴缩放 sy 倍数
	scaleZ	sz	在 Z 轴缩放 sz 倍数
	scale3d	(sx,sy,sz)	在 X 轴缩放 sx 倍数，在 Y 轴缩放 sy 倍数，在 Z 轴缩放 sz 倍数
偏移描述	translate	tx,[ty]	一个参数时，表示在 X 轴偏移 tx，单位为 px；两个参数时，表示在 X 轴偏移 tx，在 Y 轴偏移 ty，单位为 px
	translateX	tx	在 X 轴偏移 tx，单位为 px
	translateY	ty	在 Y 轴偏移 ty，单位为 px
	translateZ	tz	在 Z 轴偏移 tz，单位为 px
	translate3d	(tx,ty,tz)	在 X 轴偏移 tx，在 Y 轴偏移 ty，在 Z 轴偏移 tz，单位为 px
倾斜描述	skew	ax,[ay]	参数范围为 −180 ~ 180；一个参数时，Y 轴坐标不变，X 轴坐标延顺时针倾斜 ax 度；两个参数时，分别在 X 轴倾斜 ax 度，在 Y 轴倾斜 ay 度
	skewX	ax	参数范围为 −180 ~ 180；Y 轴坐标不变，X 轴坐标延顺时针倾斜 ax 度
	skewY	ay	参数范围为 −180 ~ 180；X 轴坐标不变，Y 轴坐标延顺时针倾斜 ay 度

（续）

描　述	方　法	参　数	说　明
矩阵描述	matrix	（a,b,c,d,tx,ty）	同 transform-function matrix
	matrix3d		同 transform-function matrix3d

3. 动画队列及执行过程

动画实例被指定动画操作描述方法后，需要调用 step() 来表示一组动画执行及完成。如：

```
animation.rotate(45).step()
```

这一行代码表示将动画实例对象进行旋转 45 度的操作执行。

可以在一组动画中调用任意多个动画方法，这时一组动画中的所有动画会同时开始，一组动画完成后才会进行下一组动画。比如：

```
animation.scale(2,2).rotate(45).step()
animation.translate(100, 100).step({ duration: 1000 })
```

这两行代码表示 2 组动画，先执行的一组动画动作过程为：将动画对象在 X 与 Y 方向各放大 2 倍的同时，旋转 45 度。这一组执行完后才会执行第二组动画，其动作过程为：在 X 与 Y 方向各偏移 100 像素，该动作在 1000ms 内执行完成。

 注意　这里 step 可以传入一个跟 wx.createAnimation() 一样的配置参数用于指定当前组动画的配置。

多组动画先后执行，即构成动画队列，它丰富了动画实例对象的过程。

示例代码如下：

```
// animation-demo.wxml
<view animation="{{animationData}}" style="background:red;height:100rpx;wid
th:100rpx"></view>

// animation-demo.js
Page({
  data: {
    animationData: {}
  },
  onShow: function(){
    var animation = wx.createAnimation({
      duration: 1000,
        timingFunction: 'ease',
```

```
      })

      this.animation = animation

      animation.scale(2,2).rotate(45).step()

      this.setData({
        animationData:animation.export()
      })

      setTimeout(function() {
        animation.translate(30).step()
        this.setData({
          animationData:animation.export()
        })
      }.bind(this), 1000)
    },
    rotateAndScale: function () {
      // 旋转同时放大
      this.animation.rotate(45).scale(2, 2).step()
      this.setData({
        animationData:animation.export()
      })
    },
    rotateThenScale: function () {
      // 先旋转后放大
      this.animation.rotate(45).step()
      this.animation.scale(2, 2).step()
      this.setData({
        animationData:animation.export()
      })
    },
    rotateAndScaleThenTranslate: function () {
      // 先旋转同时放大，然后平移
      this.animation.rotate(45).scale(2, 2).step()
      this.animation.translate(100, 100).step({ duration: 1000 })
      this.setData({
        animationData:animation.export()
      })
    }
  }
```

5.7.4 绘图 API

绘图 API 用于实现在画布上绘制图形，需要时可以保存绘制图形到文件。包括 4 个 API 接口。

- wx.createContext() 接口实现创建并返回绘图上下文 context 对象，不推荐使用。
- wx.drawCanvas（OBJECT）接口用于绘制画布，不推荐使用。
- wx.canvasToTempFilePath（OBJECT）接口用于把当前画布的内容导出生成图片。
- wx.createCanvasContext(canvasId) 接口实现创建 canvas 绘图上下文（指定 canvasId），迭代的新接口，推荐使用。

在介绍绘图 API 使用之前，我们先来了解一下在 <canvas /> 组件上画图的步骤与方法。需要注意的是，所有针对 <canvas /> 组件的画图操作必须用 JavaScript 完成。一般来讲，要实现在 Canvas 上画图有 2 个步骤：

第一步，在页面 wxml 文件中只需定义一个画布 id，如：

```
<canvas canvas-id="myCanvas" style="border: 1px solid;"/>
```

第二步，将绘图操作描述及绘图动作写在页面 js 文件中，如：

```
// 创建一个 Canvas 绘图上下文 CanvasContext 对象，此为小程序内建的一个对象，
// 具有一些绘图方法，后面会介绍。
const ctx = wx.createCanvasContext('myCanvas')
// 描述在 Canvas 中绘制什么内容
ctx.setFillStyle('red')              // 设置绘图上下文的填充色为红色
ctx.fillRect(10, 10, 150, 75)        // 用 fillRect 方法画一个矩形
ctx.draw()                           // 告诉 <canvas/> 组件将刚刚的描述绘制出来
```

如上例中的 fillRect 方法中所示，这里就需要讲到画布（Canvas）的坐标系了。画布是一个二维的网络，左上角坐标为（0，0）。在这个 ctx.fillRect(10, 10, 150, 75) 语句的含义是，从左上角（10，10）开始，画一个 150×75px 的矩形。

我们可以在 <canvas/> 中加上一些事件来观测它的坐标系，代码实现如下：

```
<!--canvas.wxml-->
<canvas canvas-id="myCanvas"
  style="margin: 5px; border:1px solid #d3d3d3;"
  bindtouchstart="start"
  bindtouchmove="move"
  bindtouchend="end"/>

<view hidden="{{hidden}}">
  Coordinates: ({{x}}, {{y}})
</view>

// canvas.js
Page({
  data: {
    x: 0,
```

```
        y: 0,
        hidden: true
    },
    start: function(e) {
      this.setData({
        hidden: false,
        x: e.touches[0].x,
        y: e.touches[0].y
      })
    },
    move: function(e) {
      this.setData({
        x: e.touches[0].x,
        y: e.touches[0].y
      })
    },
    end: function(e) {
      this.setData({
        hidden: true
      })
    }
})
```

1. wx.createContext()

该接口创建并返回绘图上下文 context 对象。context 对象只是一个记录方法调用的
容器，用于生成记录绘制行为的 actions 数组。context 跟 <canvas/> 不存在对应关系，一
个 context 生成画布的绘制动作数组可以应用于多个 <canvas/>。

示例代码如下：

```
// 假设页面上有 3 个画布
var canvas1Id = 3001
var canvas2Id = 3002
var canvas3Id = 3003

var context = wx.createContext();

[canvas1Id, canvas2Id, canvas3Id].forEach(function (id) {
  context.clearActions()
  // 在 context 上调用方法
  wx.drawCanvas({
    canvasId: id,
    actions: context.getActions()
  })
})
```

与动画实例对象类似，绘画上下文 context 对象的描述有一整套方法，参见表 5-38。

表 5-38　context 对象描述方法

描　述	方　法	参　数	说　明
绘图动作描述	getActions	无	获取当前 context 上存储的绘图动作
	clearActions	无	清空当前的存储绘图动作
变形描述	scale		对横纵坐标进行缩放
	rotate		对坐标轴进行顺时针旋转
	translate		对坐标原点进行缩放
	save	无	保存当前坐标轴的缩放、旋转、平移信息
	restore	无	恢复之前保存过的坐标轴的缩放、旋转、平移信息
路径描述	beginPath	无	开始一个路径
	closePath	无	关闭一个路径
	moveTo		把路径移动到画布中的指定点，但不创建线条
	lineTo		添加一个新点，然后在画布中创建从该点到最后指定点的线条
	rect		添加一个矩形路径到当前路径
	arc		添加一个弧形路径到当前路径，顺时针绘制
	quadraticCurveTo		创建二次方贝济埃曲线
	bezierCurveTo		创建三次方贝济埃曲线
样式描述	setFillStyle		设置填充样式
	setStrokeStyle		设置线条样式
	setShadow		设置阴影
	setFontSize		设置字体大小
	setLineCap		设置线条端点的样式
	setLineJoin		设置两线相交处的样式
	setLineWidth		设置线条宽度
	setMiterLimit		设置最大倾斜

（1）变形方法详述

scale——在调用 scale 方法后，之后创建的路径其横纵坐标会被缩放。多次调用 scale，倍数会相乘。该方法的参数说明如下：

参　数	类　型	范　围	说　明
scaleWidth	Number	1 = 100%，0.5 = 50%，2 = 200%，依次类推	横坐标缩放的倍数。
scaleHeight	Number	1 = 100%，0.5 = 50%，2 = 200%，依次类推	纵坐标缩放的倍数。

示例代码如下：

```
<!--context-scale.wxml -->
<canvas canvas-id="1"/>
```

```
// context-scale.js
Page({
  onReady: function(e) {
    var context = wx.createContext()
    context.rect(5, 5, 25, 15)
    context.stroke()
    context.scale(2, 2) // 再放大 2 倍
    context.rect(5, 5, 25, 15)
    context.stroke()
    context.scale(2, 2) // 再放大 2 倍
    context.rect(5, 5, 25, 15)
    context.stroke()
    wx.drawCanvas({
      canvasId: 1
      actions: context.getActions()
    })
  }
})
```

运行上述代码，会得到类似图 5-1 展示的界面。

rotate——以原点为中心，原点可以用 translate 方法修改。顺时针旋转当前坐标轴。多次调用 rotate，旋转的角度会叠加。该方法的参数说明如下：

参　数	类　型	范　围	说　明
rotate	Number	degrees * Math.PI/180；degrees 范围为 0 ~ 360	旋转角度，以弧度计。

示例代码如下：

```
// rotate.js
Page({
  onReady: function(e) {
    var context = wx.createContext()
    context.rect(50, 50, 200, 200)
    context.stroke()
    context.rotate(5 * Math.PI / 180)
    context.rect(50, 50, 200, 200)
      context.stroke()
      context.rotate(5 * Math.PI / 180)
      context.rect(50, 50, 200, 200)
      context.stroke()

    wx.drawCanvas({
      canvasId: 1,
      actions: context.getActions()
    })
  }
})
```

运行上述代码，会得到类似图 5-2 展示的界面。

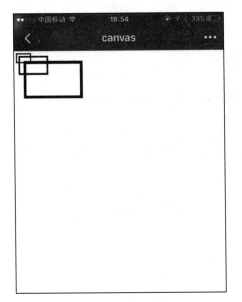
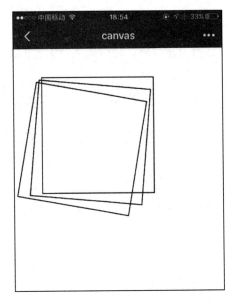

图 5-1　context 对象缩放变形方法的示例视图　　图 5-2　context 对象旋转变形方法的示例视图

translate——对当前坐标系的原点（0，0）进行变换，默认的坐标系原点为页面左上角。该方法的参数说明如下：

参　　数	类　　型	说　　明
X	Number	水平坐标平移量。
Y	Number	竖直坐标平移量。

示例代码如下：

```
// translate.js
Page({
  onReady: function() {
    var context = wx.createContext()

    context.rect(50, 50, 200, 200)
    context.stroke()
    context.translate(50, 50)
    context.rect(50, 50, 200, 200)
    context.stroke()

    wx.drawCanvas({
      canvasId: 1,
```

```
    actions: context.getActions()
  })
 }
})
```

运行上述代码，会得到类似图 5-3 展示的界面。

（2）绘制方法详述

clearRect——清除画布上在该矩形区域内的内容，该方法的参数说明如下：

参　数	类　型	说　明
x	Number	矩形区域左上角的 x 坐标。
y	Number	矩形区域左上角的 y 坐标。
width	Number	矩形区域的宽度。
height	Number	矩形区域的高度。

示例代码如下：

```
// clearrect.js
Page({
 onReady: function() {
   var context = wx.createContext()

   context.rect(50, 50, 200, 200)
   context.fill()
   context.clearRect(100, 100, 50, 50)

   wx.drawCanvas({
     canvasId: 1,
     actions: context.getActions()
   })
 }
})
```

运行上述代码，会得到类似图 5-4 展示的界面。

drawImage——绘制图像，图像保持原始尺寸，该方法的参数说明如下：

参　数	类　型	范　围	说　明
imageResource	String	通过 chooseImage 得到一个文件路径或者一个项目目录内的图片。	所要绘制的图片资源。
x	Number		图像左上角的 x 坐标。
y	Number		图像左上角的 y 坐标。
width	Number		图像宽度。
height	Number		图像高度。

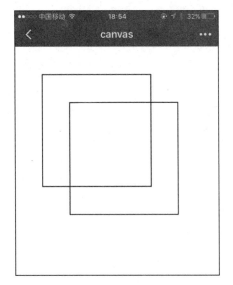 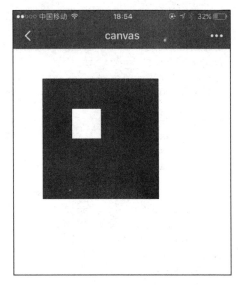

图 5-3　context 对象偏移变形方法的示例视图　　图 5-4　context 对象 clearRect 绘制方法的示例视图

示例代码如下：

```javascript
// drawimage.js
Page({
  onReady: function(e) {
    var context = wx.createContext()
    wx.chooseImage({
      success: function(res) {
        context.drawImage(res.tempFilePaths[0], 0, 0)
        wx.drawCanvas({
          canvasId: 1,
          actions: context.getActions()
        })
      }
    })
  }
})
```

运行上述代码，会得到类似图 5-5 展示的界面。

fillText——在画布上绘制被填充的文本，该方法的参数说明如下：

参　数	类　型	说　明
text	String	在画布上输出的文本。
x	Number	绘制文本的左上角 x 坐标位置。
y	Number	绘制文本的左上角 y 坐标位置。

示例代码如下：

```
// filltext.js
Page({
  onReady:function(){
    var context = wx.createContext()

    context.setFontSize(14)
    context.fillText("MINA", 50, 50)
    context.moveTo(0, 50)
    context.lineTo(100, 50)
    context.stroke()

    context.setFontSize(20)
    context.fillText("MINA", 100, 100)
    context.moveTo(0, 100)
    context.lineTo(200, 100)
    context.stroke()
    wx.drawCanvas({
      canvasId: 1,
      actions: context.getActions()
    });
  }
})
```

运行上述代码，会得到类似图 5-6 展示的界面。

图 5-5　context 对象 drawImage 绘制方法
　　　　的示例视图

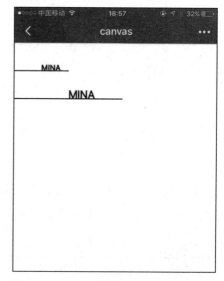

图 5-6　context 对象 fillText 绘制方法的
　　　　示例视图

（3）路径方法详述

beginPath——开始创建一个路径，需要调用 fill 或者 stroke 才会使用路径进行填充或描边。同一个路径内的多次 setFillStyle、setStrokeStyle、setLineWidth 等设置，以最后一次设置为准。

closePath——关闭一个路径。

moveTo——把路径移动到画布中的指定点，不创建线条。该方法的参数为 x 与 y。

lineTo——在当前位置添加一个新点，然后在画布中创建从该点到最后指定点的路径。该方法的参数为 x 与 y。

rect——添加一个矩形路径到当前路径。该方法的参数为 4 个：x、y、width 与 height。

arc——添加一个弧形路径到当前路径，顺时针绘制。该方法的参数为 5 个：x、y、radius、startAngle 与 sweepAngle。

quadraticCurveTo——创建二次方贝济埃曲线路径。该方法的参数为 4 个：x、y、cpx 与 cpy。

bezierCurveTo——创建三次方贝济埃曲线路径。该方法的参数说 6 个：x、y、cpx、cpy、cp2x 与 cp2y。

上述路径方法中涉及的参数说明如下：

参数	类型	范围	说明
x	Number		x 坐标（矩形左上角，贝济埃曲线结束点）
y	Number		y 坐标（矩形左上角，贝济埃曲线结束点）
width	Number		矩形路径的宽度
height	Number		矩形路径的高度
radius	Number		矩形路径的宽度
startAngle	Number	弧度，0 到 2pi	起始弧度
sweepAngle	Number	弧度，0 到 2pi	从起始弧度开始，扫过的弧度
cpx	Number		第一个贝济埃曲线控制点的 x 坐标
cpy	Number		第一个贝济埃曲线控制点的 y 坐标
cp2x	Number		第二个贝济埃曲线控制点的 x 坐标
cp2y	Number		第二个贝济埃曲线控制点的 y 坐标

（4）样式方法详述

setFillStyle——设置纯色填充的样式。该方法的参数说明如下：

参数	类型	范围	说明
color	String	'rgb(255, 0, 0)' 或 'rgba(255, 0, 0, 0.6)' 或 '#ff0000' 格式的颜色字符串。	设置为填充样式的颜色。

setStrokeStyle——设置纯色描边，参数同 setFillStyle。

示例代码如下：

```
// setfillstyle.js
Page({
  onReady: function(e) {
    var context = wx.createContext()

    context.setFillStyle("#ff00ff")
    context.setStrokeStyle("#00ffff")

    context.rect(50, 50, 100, 100)
    context.fill()
    context.stroke()
    wx.drawCanvas({
      canvasId: 1,
      actions: context.getActions()
    });
  }
})
```

运行上述代码，会得到类似图 5-7 展示的界面。

setShadow——设置阴影样式，该方法的参数说明如下：

参数	类型	范 围	说 明
offsetX	Number		阴影相对于形状在水平方向的偏移。
offsetY	Number		阴影相对于形状在竖直方向的偏移。
blur	Number	0 ~ 100	阴影的模糊级别，数值越大越模糊。
color	Color	'rgb(255, 0, 0)' 或 'rgba(255, 0, 0.6)' 或 '#ff0000' 格式的颜色字符串。	阴影的颜色。

setFontSize——设置字体的字号。

setLineWidth——设置线条的宽度。

setLineCap——设置线条的结束端点样式。

setLineJoin——设置两条线相交时，所创建的拐角类型。

setMiterLimit——设置最大斜接长度，斜接长度指的是在两条线交汇处内角和外角之间的距离。当 setLineJoin 为 miter 时才有效。超过最大倾斜长度的，连接处将以 lineJoin 为 bevel 来显示。

示例代码如下：

```
// line.js
Page({
```

```
onReady: function(e) {
  var context = wx.createContext()

  context.setLineWidth(10)
  context.setLineCap("round")
  context.setLineJoin("miter")
  context.setMiterLimit(10)
  context.moveTo(20, 20)
  context.lineTo(150, 27)
  context.lineTo(20, 54)
  context.stroke()

  context.beginPath()

  context.setMiterLimit(3)
  context.moveTo(20, 70)
  context.lineTo(150, 77)
  context.lineTo(20, 104)
  context.stroke()

  wx.drawCanvas({
    canvasId: 1,
    actions: context.getActions()
  });
  }
})
```

运行上述代码，会得到类似图 5-8 展示的界面。

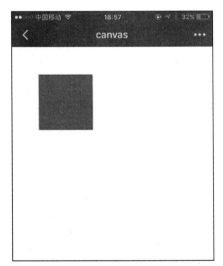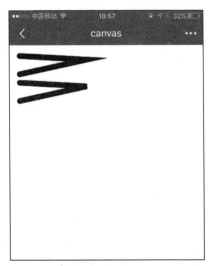

图 5-7　context 对象样式 setFillStyle&setStrokeStyle 方法应用的示例视图

图 5-8　context 对象路径及样式方法综合应用的示例结果

2. wx.drawCanvas（OBECT）

wx.drawCanvas 接口用于绘制画布。OBJECT 参数说明见下表：

参数	类型	必填	说　明
canvasId	String	是	画布标识，传入 \<canvas/\> 的 cavas-id。
actions	Array	是	绘图动作数组，由 wx.createContext 创建的 context，调用 getActions 方法导出绘图动作数组。

示例代码如下：

```
<!--canvas-demo.wxml-->
<canvas cavas-id="firstCanvas"/>

// canvas-demo.js
Page({
  canvasIdErrorCallback: function (e) {
    console.error(e.detail.errMsg)
  },
  onReady: function(e) {
    // 使用 wx.createContext 获取绘图上下文 context
    var context = wx.createContext()

    context.setStrokeStyle("#00ff00")
    context.setLineWidth(5)
    context.rect(0, 0, 200, 200)
    context.stroke()
    context.setStrokeStyle("#ff0000")
    context.setLineWidth(2)
    context.moveTo(160, 100)
    context.arc(100, 100, 60, 0,2 * Math.PI, true)
    context.moveTo(140, 100)
    context.arc(100, 100, 40, 0, Math.PI, false)
    context.moveTo(85, 80)
    context.arc(80, 80, 5, 0,2 * Math.PI, true)
    context.moveTo(125, 80)
    context.arc(120, 80, 5, 0, 2 * Math.PI, true)
    context.stroke()

    // 调用 wx.drawCanvas，通过 canvasId 指定在哪张画布上绘制，通过 actions 指定绘制行为
    wx.drawCanvas({
      canvasId: 'firstCanvas',
      actions: context.getActions() // 获取绘图动作数组
    })
  }
})
```

3. wx.canvasToTempFilePath（OBJECT）

该接口用于把当前画布的内容导出生成图片，并返回文件路径。OBJECT 参数为

canvasId，必填项，是画布标识，传入 <canvas/> 的 cavas-id。

4. wx.createCanvasContext(canvasId)

该接口实现创建 canvas 绘图上下文 context，需要指定 canvasId。该绘图上下文只作用于对应的 <canvas />。canvasId 是画布标识，类型为 String，为必填项，来自定义在 <canvas /> 组件中的 canvas-id。

绘图上下文 context 对象具有如下方法用于描述绘画操作。参见表 5-39。

表 5-39　canvascontext 对象描述方法

描　　述	方　　法	说　　明
描述颜色、样式与阴影	setFillStyle	设置填充样式
	setStrokeStyle	设置线条样式
	setShadow	设置阴影
描述渐变	createLinearGradient	创建一个线性渐变
	createCircularGradient	创建一个线性渐变
	addColorStop	在渐变中的某一点添加一个颜色变化
描述线条样式	setLineWidth	设置线条宽度
	setLineCap	设置线条端点的样式
	setLineJoin	设置两线相交处的样式
	setMiterLimit	设置最大倾斜
描述矩形	rect	创建一个矩形
	fillRect	填充一个矩形。
	strokeRect	画一个矩形（不填充）
	clearRect	在给定的矩形区域内，清除画布上的像素
描述路径	fill	对当前路径进行填充
	stroke	对当前路径进行描边
	beginPath	开始一个路径
	closePath	关闭一个路径
	moveTo	把路径移动到画布中的指定点，但不创建线条
	lineTo	添加一个新点，然后在画布中创建从该点到最后指定点的线条
	arc	添加一个弧形路径到当前路径，顺时针绘制
	quadraticCurveTo	创建二次方贝济埃曲线
	bezierCurveTo	创建三次方贝济埃曲线
描述变形	scale	对横纵坐标进行缩放
	rotate	对坐标轴进行顺时针旋转
	translate	对坐标原点进行缩放

（续）

描 述	方 法	说 明
描述文字	fillText	在画布上绘制被填充的文本
	setFontSize	设置字体大小
描述图片	drawImage	在画布上绘制图像
描述其他操作	setGlobalAlpha	设置全局画笔透明度
	save	保存当前绘图上下文
	restore	恢复之前保存过的绘图上下文
	draw	进行绘图
	getActions	获取当前 context 上存储的绘图动作（不推荐使用）
	clearActions	清空当前存储的绘图动作

上表所列方法使用与之前的表 5-38 类似，但描述方法更丰富，使用更简单，推荐使用。我们在这里仅补充介绍之前没有涉及的对象方法的使用。

（1）描述渐变

渐变能用于填充一个矩形、圆、线、文字等。渐变的填充颜色可以不固定，共有两种渐变的方式：

createLinearGradient(x, y, x1, y1)——创建一个线性的渐变。

createCircularGradient(x, y, r)——创建一个从圆心开始的渐变。

一旦创建了一个渐变对象，就必须添加两个颜色渐变点。addColorStop(position, color) 方法用于指定颜色渐变点的位置和颜色，位置必须位于 0 到 1 之间。可以用 setFillStyle() 和 setStrokeStyle() 方法设置渐变，然后进行画图描述。

使用 createLinearGradient() 方式的代码示例如下：

```
const ctx = wx.createCanvasContext('myCanvas')

// 创建一个线性渐变
const grd = ctx.createLinearGradient(0, 0, 200, 0)
grd.addColorStop(0, 'red')
grd.addColorStop(1, 'white')

// 使用渐变填充矩形
ctx.setFillStyle(grd)
ctx.fillRect(10, 10, 150, 80)
ctx.draw()
```

使用 createCircularGradient() 渐变方式的示例代码如下：

```
const ctx = wx.createCanvasContext('myCanvas')

// 创建一个圆心开始的渐变
const grd = ctx.createCircularGradient(75, 50, 50)
grd.addColorStop(0, 'red')
grd.addColorStop(1, 'white')

// 使用渐变填充矩形
ctx.setFillStyle(grd)
ctx.fillRect(10, 10, 150, 80)
ctx.draw()
```

（2）描述矩形（fillRect 与 strokeRect）与路径（fill 与 stroke）

fillRect 方法描述一个填充的矩形，其有 4 个类型为 Number 的参数，分别为矩形左上角坐标 x，左上角坐标 y，矩形的宽度 width 及高度 height。示例代码如下：

```
const ctx = wx.createCanvasContext('myCanvas') // 创建绘图上下文对象 ctx
ctx.setFillStyle('red')          // 设置矩形的填充色为 red，若不设置默认为黑色
ctx.fillRect(10, 10, 150, 75)    // 以 x=10,y=10,width=150,height=75 为参数
                                 // 描述一个填充的矩形
ctx.draw()                       // 绘制出上述的图形描述
```

类似的 strokeRect 方法描述一个非填充的矩形，示例代码如下：

```
const ctx = wx.createCanvasContext('myCanvas') // 创建绘图上下文对象 ctx
ctx.setFillStyle('red')          // 设置矩形的填充色为 red，若不设置默认为黑色
ctx.strokeRect(10, 10, 150, 75) // 以 x=10,y=10,width=150,height=75
                                 // 为参数描述一个非填充的矩形
ctx.draw()                       // 绘制出上述的图形描述
```

fill 方法描述对当前路径的内容填充，默认填充色为黑色。填充的路径是从 beginPath() 开始计算的。若当前路径没有闭合，则 fill 方法会将起点与终点进行连接，然后填充，示例代码如下：

```
const ctx = wx.createCanvasContext('myCanvas')
ctx.moveTo(10, 10)
ctx.lineTo(100, 10)
ctx.lineTo(100, 100)
ctx.fill()   // 非闭合路径，先连接（10,10）与（100,100），使用默认黑色填充路径围起来的区域
ctx.draw()
```

stroke 方法描述当前路径边框的绘制，默认颜色为黑色，绘制路径从 beginPath() 开始计算，示例代码如下：

```
const ctx = wx.createCanvasContext('myCanvas')
ctx.moveTo(10, 10)
```

```
ctx.lineTo(100, 10)
ctx.lineTo(100, 100)
ctx.stroke()   // 描述当前路径边框的绘制，使用默认黑色
ctx.draw()
```

（3）描述其他操作

setGlobalAlpha 方法设置全局画笔的透明度。需要一个 Number 类型的透明度参数，参数取值范围为 0 ～ 1，其中 0 表示完全透明，1 表示完全不透明。示例代码如下：

```
const ctx = wx.createCanvasContext('myCanvas')
ctx.setFillStyle('red')
ctx.fillRect(10, 10, 150, 100)        // 默认画笔为不透明，此填充矩形为不透明红色
ctx.setGlobalAlpha(0.2)               // 指定全局画笔的透明度为 0.2
ctx.setFillStyle('blue')
ctx.fillRect(50, 50, 150, 100)        // 此填充矩形为透明度为 0.2 的蓝色
ctx.setFillStyle('yellow')
ctx.fillRect(100, 100, 150, 100)      // 此填充矩形为透明度为 0.2 的黄色
ctx.draw()
```

save 方法与 restore 方法分别用于保存与恢复当前绘图上下文（如填充样式、位置等），示例代码如下：

```
const ctx = wx.createCanvasContext('myCanvas')
ctx.save()                            // 保存默认的填充样式，默认颜色为黑色
ctx.setFillStyle('red')               // 设置填充颜色为红色
ctx.fillRect(10, 10, 150, 100)        // 描述一个填充矩形，填充颜色为红色
ctx.restore()                         // 恢复之前保存的填充样式，填充颜色为黑色
ctx.fillRect(50, 50, 150, 100)        // 描述一个填充矩形，填充颜色为黑色
ctx.draw()                            // 绘制出上述 2 个矩形
```

draw 方法将之前绘图上下文中的描述（路径、变形、样式等）画到画布（canvas）中，该方法有一个非必填的 Boolean 类型参数，即指定本次绘制是否接着上一次绘制，默认值为 false，即先清空画布再继续绘制。示例代码如下：

```
const ctx = wx.createCanvasContext('myCanvas')
ctx.setFillStyle('red')
ctx.fillRect(10, 10, 150, 100)
ctx.draw()
ctx.fillRect(50, 50, 150, 100)
ctx.draw()             // 清空了上一个红色填充的矩形，再绘制一个填充的矩形
ctx.fillRect(90, 90, 150, 100)
ctx.draw(true)     // 在保留了上一次绘制的填充矩形画布上，接着再绘制一个矩形，会有部分覆盖
```

5.7.5 其他 API

- wx.hideKeyboard() 接口用于收起键盘。

- wx.stopPullDownRefresh() 接口用于停止当前页面下拉刷新。
- Page.onPullDownRefresh 是在 Page 方法中定义的 onPullDownRefresh 处理函数，以监听该页面用户下拉刷新的事件。需要在页面 json 文件的 window 配置项中开启 enablePullDownRefresh。当处理完数据刷新后，使用 wx.stopPullDownRefresh() 就可以停止当前页面的下拉刷新。

示例代码如下：

```
Page({
  onPullDownRefresh: function(){
    wx.stopPullDownRefresh()
  }
})
```

5.8　开放 API

开放 API 用于帮助开发者获得消息、用户信息、微信支付等微信应用或公众平台服务调用的能力。目前可供应用的开发 API 接口有：

- wx.login（OBECT）接口用于获取登录凭证（code）及用户登录态信息。
- wx.checkSession（OBJECT）接口用于检查登录态是否过期。
- wx.getUserInfo（OBJECT）接口用于获取用户信息，需要先调用 wx.login 接口。
- wx.requestPayment（OBJECT）接口用于发起微信支付。
- 模板消息接口用于给用户发送如通知类的模板消息。
- 客户消息接口用于客服会话消息的接收与发送。

5.8.1　登录 API

1. wx.login（OBECT）接口说明

调用接口获取登录凭证（code）进而换取用户登录态信息，包括用户的唯一标识（openid）及本次登录的会话密钥（session_key）。用户数据的加解密通信需要依赖会话密钥完成。其中 OBJECT 参数说明见表 5-40。

表 5-40　wx.login 接口参数说明

参数名	类　型	必　填	说　　明
success	Function	否	接口调用成功的回调函数
fail	Function	否	接口调用失败的回调函数
complete	Function	否	接口调用结束的回调函数（调用成功、失败都会执行）

其中 success 返回参数说明如下：

参数	类型	说　明
errMsg	String	调用结果。
code	String	用户允许登录后，回调内容会带上 code（有效期五分钟），开发者需要将 code 发送到开发者服务器后台，使用 code 换取 session_key API，将 code 换成 openid 和 session_key。

示例代码如下：

```
// app.js
App({
  onLaunch: function() {
    wx.login({
      success: function(res) {
        if (res.code) {
          // 发起网络请求
          wx.request({
            url: 'https://test.com/onLogin',
            data: {
              code: res.code
            }
          })
        } else {
          console.log('获取用户登录态失败！' + res.errMsg)
        }
      }
    });
  }
})
```

上述代码通过网络访问 https://test.com/onLogin，获取登录 code。

2. 接口应用示例：code 获取 session_key

这是一个 HTTP 接口，开发者服务器使用**登录凭证 code** 获取 session_key 和 openid。其中 session_key 是对用户数据进行加密签名的密钥。

> 🔍 **注意**　为了自身应用安全，session_key 不应该在网络上传输。

接口地址：

https://api.weixin.qq.com/sns/jscode2session?appid=APPID&secret=SECRET&js_code=JSCODE&grant_type=authorization_code

请求参数如下：

参　数	必　填	说　明
appid	是	小程序唯一标识。
secret	是	小程序的 app secret。
js_code	是	登录时获取的 code。
grant_type	是	填写为 authorization_code。

返回参数如下：

参　数	说　明
openid	用户唯一标识。
session_key	会话密钥。
expires_in	会话有效期，以秒为单位，例如 2592000 代表会话有效期为 30 天。

返回说明如下：

```
// 正常返回的 JSON 数据包
{
    "openid": "OPENID",
    "session_key": "SESSIONKEY"
    "expires_in": 2592000
}
// 错误时返回 JSON 数据包（示例为 Code 无效）
{
  "errcode": 40029,
  "errmsg": "invalid code"
}
```

3. 接口应用示例：签名校验

一般按下述步骤进行：

1）使用 wx.login 获取 code。

2）通过 code 换取用户的 session-key 和 openid。

3）需要页面自己去做登录态管理（如在 cookie 设置 openid）。

4）通过调用接口（如 wx.getUserInfo）获取敏感数据时，接口会同时返回 rawData、signature，其中 signature = sha1（rawData + session_key）。

5）将 signature、rawData、以及用户登录态发送给开发者服务器，开发者在数据库中找到该用户对应的 session-key，使用相同的算法计算出签名 signature2，比对 signature 与 signature2 即可校验数据的可信度。

如 wx.getUserInfo 的数据校验，接口返回的 rawData 如下：

```
{
  "nickName": "Band",
  "gender": 1,
  "language": "zh_CN",
  "city": "Guangzhou",
  "province": "Guangdong",
  "country": "CN",
  "avatarUrl":
    "http://wx.qlogo.cn/mmopen/vi_32/1vZvI39NWFQ9XM4LtQpFrQJ1xlg
    Zxx3w7bQxKARo16503Iuswjjn6nIGBiaycAjAtpujxyzYsrztuuICqIM5ibXQ/0"
}
```

用户的 session-key 为：

```
HyVFkGl5F5OQWJZZaNzBBg==
```

所以，用于签名的字符串为：

```
{
  "nickName": "Band",
  "gender": 1,
  "language": "zh_CN",
  "city": "Guangzhou",
  "province": "Guangdong",
  "country": "CN",
  "avatarUrl": "http://wx.qlogo.cn/mmopen/vi_32/1vZvI39NWFQ9XM4LtQpFrQ
    J1xlgZxx3w7bQxKARo16503Iuswjjn6nIGBiaycAjAtpujxyzYsrztuuICqIM5ibXQ/0"}
    HyVFkGl5F5OQWJZZaNzBBg=="
}
```

使用 sha1 得到的结果为：

```
75e81ceda165f4ffa64f4068af58c64b8f54b88c
```

4. 接口应用示例：加密数据解密算法

接口如果涉及敏感数据（如 wx.getUserInfo 当中的 openid），接口的明文内容将不包含敏感数据。开发者如需要获取敏感数据，需要对接口返回的**加密数据**（encryptData）进行对称解密。解密算法如下：

- 对称解密使用的算法为 AES-128-CBC，数据采用 PKCS#7 填充。
- 对称解密的目标密文为 Base64_Decode（encryptData）。
- 对称解密秘钥 aeskey = Base64_Decode（session_key），aeskey 是 16 字节。
- 对称解密算法初始向量为 iv = aeskey，同样是 16 字节。

5. 登录态维护

通过 wx.login() 获取到用户登录态之后，需要维护登录态。开发者要注意，**不应该**

直接把 session_key、openid 等字段作为用户的标识或者 session 的标识，而应该自己派发一个 session 登录态（请参考下列登录时序图）。对于开发者自己生成的 session，应该保证其安全性且不应该设置较长的过期时间。session 派发到小程序客户端之后，可将其存储在 storage，用于后续通信使用，如图 5-9 所示。

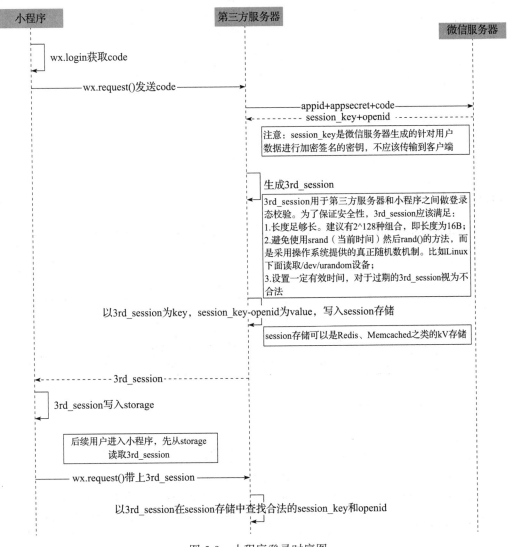

图 5-9　小程序登录时序图

6. wx.checkSession（OBJECT）

该接口用于检查登录态是否过期，该接口的参数说明见表 5-41。

表 5-41 wx.checkSession 接口的参数说明

参数名	类 型	必 填	说 明
success	Function	否	接口调用成功的回调函数，登录态未过期
fail	Function	否	接口调用失败的回调函数，登录态已过期
complete	Function	否	接口调用结束的回调函数（调用成功、失败都会执行）

示例代码如下：

```
wx.checkSession({
  success: function(){
    // 登录态未过期
  },
  fail: function(){
    // 登录态过期
    wx.login()
  }
})
```

5.8.2 用户信息 API

wx.getUserInfo（OBJECT）接口用于获取用户信息，需要先调用 wx.login 接口。OBJECT 参数说明见表 5-42。

表 5-42 wx.getUserInfo 接口参数说明

参数名	类 型	必 填	说 明
success	Function	否	接口调用成功的回调函数
fail	Function	否	接口调用失败的回调函数
complete	Function	否	接口调用结束的回调函数（调用成功、失败都会执行）

其中 success 返回参数说明如下：

参数	类型	说 明
userInfo	Object	用户信息对象，不包括 openid 等敏感信息。
rawData	String	不包括敏感信息的原始数据字符串，用于计算签名。
signature	String	使用 sha1（rawData + sessionkey）得到字符串，用于校验用户信息。
encryptData	String	包括敏感数据在内的完整用户信息的加密数据，详细见前面的"加密数据解密算法"小节。

示例代码如下：

```
wx.getUserInfo({
```

```
success: function(res) {
  var userInfo = res.userInfo
  var nickName = userInfo.nickName
  var avatarUrl = userInfo.avatarUrl
  var gender = userInfo.gender // 性别 0：未知、1：男、2：女
  var province = userInfo.province
  var city = userInfo.city
  var country = userInfo.country
}
})
```

encryptData 解密后为以下 json 结构，详见前面的"加密数据解密算法"小节：

```
{
  "openId": "OPENID",
  "nickName": "NICKNAME",
  "gender": 1,
  "city": "CITY",
  "province": "PROVINCE",
  "country": "COUNTRY",
  "avatarUrl": "AVATARURL",
  "unionId": "UNIONID"
}
```

5.8.3　微信支付 API

wx.requestPayment(OBJECT) 接口用于发起微信支付。OBJECT 参数说明见表 5-43。

表 5-43　wx.requestPayment 接口参数说明

参　数	类　型	必　填	说　明
timeStamp	DateInt	是	时间戳从 1970 年 1 月 1 日 00:00:00 至今的秒数，即当前的时间
nonceStr	String	是	随机字符串，长度为 32 个字符以下
package	String	是	统一下单接口返回的 prepay_id 参数值，提交格式如：prepay_id=*
signType	String	是	签名算法，暂支持 MD5
paySign	String	是	签名
success	Function	否	接口调用成功的回调函数
fail	Function	否	接口调用失败的回调函数
complete	Function	否	接口调用结束的回调函数（调用成功、失败都会执行）

示例代码如下：

```
wx.requestPayment({
    'timeStamp': '',
    'nonceStr': '',
    'package': '',
    'signType': 'MD5',
```

```
'paySign': '',
'success':function(res){
},
'fail':function(res){
}
}
```

5.8.4 模板消息 API

基于微信的通知渠道，微信团队为开发者提供了可以高效触达用户的模板消息能力，以便实现服务的闭环并提供更佳的体验。

- 模板推送位置：服务通知。
- 模板下发条件：用户本人在微信体系内与页面有交互行为后触发，详见后面的"下发条件说明"小节。
- 模板跳转能力：点击查看详情仅能跳转至下发模板的该账号的各个页面。

1. 使用说明

1）获取模板 id。

2）登录 https://mp.weixin.qq.com 获取模板，如果没有合适的模板，可以申请添加新模板，审核通过后可使用，详见模板审核说明。如图 5-10 所示。

图 5-10　获取模板

3）页面的 <form/> 组件，属性 report-submit 为 true 时，可以声明为需发模板消息，此时点击按钮提交表单可以获取 formId，用于发送模板消息。或者当用户完成支付行为，可以获取 prepay_id 用于发送模板消息。

调用接口下发模板消息（详见下一节"接口说明"）。

2. 接口说明

（1）获取 access_token

access_token 是全局唯一接口调用凭据，开发者调用各接口时都需使用 access_token，请妥善保存。access_token 的存储至少要保留 512 个字符空间。access_token 的有效期目前为 2 个小时，需定时刷新，重复获取将导致上次获取的 access_token 失效。

公众平台的 API 调用所需的 access_token 的使用及生成方式说明：

1）为了保密 appsecrect，第三方需要一个 access_token 获取和刷新的中控服务器。而其他业务逻辑服务器所使用的 access_token 均来自于该中控服务器，不应该各自去刷新，否则会造成 access_token 覆盖而影响业务；

2）目前 access_token 的有效期通过返回的 expires_in 来传达，目前是 7200 秒之内的值。中控服务器需要根据这个有效时间提前去刷新新 access_token。在刷新过程中，中控服务器对外输出的依然是老 access_token，此时公众平台后台会保证在刷新短时间内，新老 access_token 都可用，这保证了第三方业务的平滑过渡；

3）access_token 的有效时间可能会在未来有调整，所以中控服务器不仅需要内部定时主动刷新，还需要提供被动刷新 access_token 的接口，这样便于业务服务器在 API 调用获知 access_token 已超时的情况下，可以触发 access_token 的刷新流程。

开发者可以使用 AppID 和 AppSecret 调用本接口来获取 access_token。AppID 和 AppSecret 可登录微信公众平台官网 – 设置 – 开发设置中获得（需要已经绑定成为开发者，且账号没有异常状态）。AppSecret 生成后请自行保存，因为在公众平台每次生成查看都会导致 AppSecret 被重置。

> 🔖 **注意**　调用所有微信接口时均需使用 https 协议。如果第三方不使用中控服务器，而是选择各个业务逻辑点各自去刷新 access_token，那么就可能会产生冲突，导致服务不稳定。

接口地址：

```
https:// api.weixin.qq.com/cgi-bin/token?grant_type=client_credential&appid=
    APPID&secret=APPSECRET
```

HTTP 请求方式：GET。参数说明：

参　数	必　填	说　明
grant_type	是	获取 access_token 填写 client_credential。
appid	是	第三方用户唯一凭证。
secret	是	第三方用户唯一凭证密钥，即 appsecret。

正常情况下，微信会返回下述 JSON 数据包给开发者：

```
{"access_token": "ACCESS_TOKEN", "expires_in": 7200}
```

参　数	说　明
access_token	获取到的凭证。
expires_in	凭证有效时间，单位为 s。

错误时微信会返回错误码等信息，JSON 数据包示例如下（该示例为 AppID 无效错误）：

```
{"errcode": 40013, "errmsg": "invalid appid"}
```

（2）发送模板消息

接口地址（ACCESS_TOKEN 需换成上文获取到的 access_token）：

```
https:// api.weixin.qq.com/cgi-bin/message/wxopen/template/send?access_
    token=ACCESS_TOKEN
```

HTTP 请求方式：POST。POST 参数说明如下：

参　数	必　填	说　明
touser	是	接收者（用户）的 opened。
template_id	是	所需下发的模板消息的 id。
page	否	点击模板查看详情跳转页面，不填则模板无跳转。
form_id	是	表单提交场景下，为 submit 事件带上的 formId；支付场景下，为本次支付的 prepay_id。
value	是	模板内容，不填则下发空模板。
color	否	模板内容字体的颜色，不填默认黑色。
emphasis_keyword	否	模板需要放大的关键词，不填则默认无放大。

示例代码如下：

```
{
  "touser": "OPENID",
  "template_id": "TEMPLATE_ID",
  "page": "index",
```

```
  "form_id": "FORMID",
  "data": {
    "keyword1": {
      "value": "339208499",
      "color": "#173177"
    },
    "keyword2": {
      "value": "2015 年 01 月 05 日 12:30",
      "color": "#173177"
    },
    "keyword3": {
      "value": " 粤海喜来登酒店 ",
      "color": "#173177"
    } ,
    "keyword4": {
      "value": " 广州市天河区天河路 208 号 ",
      "color": "#173177"
    }
  },
  "emphasis_keyword": "keyword1.DATA"
}
```

返回码说明：在调用模板消息接口后，会返回 JSON 数据包。

正常时的返回 JSON 数据包示例：

```
{
  "errcode": 0,
  "errmsg": "ok",
}
```

错误时会返回错误码信息，说明如下：

返回码	说　明
40037	template_id 不正确。
41028	form_id 不正确，或者过期。
41029	form_id 已被使用。
41030	page 不正确。

代码运行效果如图 5-11 所示。

> 🔍 **注意**　内部测试阶段，模板消息下发后，在客户端仅能看到由 "公众号安全助手"
> 下发的简单通知。能收到该提示，即表明模板消息功能已经调试成功。待该功能
> 正式上线后，将可以展示成上图效果。

图 5-11　模板消息 API 应用的示例视图

3. 下发条件说明

支付场景下：当用户在小程序内完成过支付行为，可允许开发者向用户在 7 天内推送有限条数的模板消息（1 次支付可下发 1 条，多次支付下发条数独立，互相不影响）。

提交表单场景下：当用户在小程序内发生过提交表单行为且该表单声明为要发模板消息的，开发者需要向用户提供服务时，可允许开发者向用户在 7 天内推送有限条数的模板消息（1 次提交表单可下发 1 条，多次提交下发条数独立，相互不影响）。

4. 审核说明

1. 标题

1.1　标题不能存在相同内容。

1.2　标题意思不能存在过度相似。

1.3　标题必须以"提醒"或"通知"结尾。

1.4　标题不能带特殊符号、个性化字词等没有行业通用性的内容。

1.5　标题必须能体现具体服务场景。

1.6　标题不能涉及营销相关内容，包括不限于：消费优惠类、购物返利类、商品更新类、优惠券类、代金券类、红包类、会员卡类、积分类、活动类等营销倾向通知。

2. 关键词

2.1　同一标题下，关键词不能存在相同。

2.2　同一标题下，关键词不能存在过度相似。

2.3　关键词不能带特殊符号、个性化字词等没有行业通用性的内容。

2.4　关键词内容示例必须与关键词对应匹配。

2.5　关键词不能太过宽泛，需要具有限制性，例如："内容"这个就太宽泛，不能审核通过。

5. 违规说明

除不能违反运营规范外，还不能违反以下规则，包括但不限于：

■ 不允许恶意诱导用户进行触发操作，以达到可向用户下发模板目的。

■ 不允许恶意骚扰，下发对用户造成骚扰的模板。

■ 不允许恶意营销，下发营销目的模板。

■ 不允许通过服务号下发模板来告知用户在小程序内触发的服务相关内容。

6. 处罚说明

根据违规情况给予相应梯度的处罚，一般处罚规则如下：

■ 第一次违规，删除违规模板以示警告。

■ 第二次违规，封禁接口 7 天。

■ 第三次违规，封禁接口 30 天。

■ 第四次违规，永久封禁接口。

■ 处罚结果及原因以站内信形式告知。

5.8.5　客服消息 API

在页面中使用 <contact-button/> 组件可以显示进入客服会话按钮。当用户在客服会话发送消息（或进行某些特定的用户操作引发的事件推送时），微信服务器会将消息（或事件）的数据包（JSON 或者 XML 格式）POST 请求开发者填写的 URL。开发者收到请求后可以使用发送客服消息接口进行异步回复。

在将用户的消息发给小程序的开发者服务器地址（开发设置处配置）后，微信服务器 5 秒内收不到响应会断掉连接，并且重新发起请求，总共重试 3 次。

开发者服务器收到请求 5 秒内须做出下述两者回复之一，微信服务器才不会对此作任何处理，且不会发起重试：

- 直接回复 success（推荐方式）。
- 直接回复空串（指字节长度为 0 的空字符串，而不是结构体中 content 字段的内容为空）。

否则一旦遇到以下情况，微信都会在小程序会话中向用户下发严重的系统提示"该小程序客服暂时无法提供服务，请稍后再试"，即如下两种情况：

- 开发者在 5 秒内未回复任何内容。
- 开发者回复了异常数据。

如果开发者希望增强安全性，可以在开发者中心处开启消息加密，这样，用户发给小程序的消息以及小程序被动回复用户消息都会继续加密。关于消息加解密，请参考公众平台相关文档。

1. 接收用户消息

用户在客服会话中会发送各种消息类型，下面分别介绍。

（1）文本消息

用户在客服会话中发送文本消息时将产生如下数据包：

- XML 格式

```xml
<xml>
  <ToUserName><![CDATA[toUser]]></ToUserName>
  <FromUserName><![CDATA[fromUser]]></FromUserName>
  <CreateTime>1482048670</CreateTime>
  <MsgType><![CDATA[text]]></MsgType>
  <Content><![CDATA[this is a test]]></Content>
  <MsgId>1234567890123456</MsgId>
</xml>
```

- JSON 格式

```json
{
    "ToUserName": "toUser",
    "FromUserName": "fromUser",
    "CreateTime": 1482048670,
    "MsgType": "text",
    "Content": "this is a test",
    "MsgId": 1234567890123456
}
```

文本消息数据包字段参数说明如下：

参　　数	说　　明
ToUserName	小程序的原始 ID。
FromUserName	发送者的 openid。
CreateTime	消息创建时间（整型）。
MsgType	text。
Content	文本消息内容。
MsgId	消息 id，64 位整型。

（2）图片消息

用户在客服会话中发送图片消息时将产生如下数据包：

■ XML 格式

```xml
<xml>
    <ToUserName><![CDATA[toUser]]></ToUserName>
    <FromUserName><![CDATA[fromUser]]></FromUserName>
    <CreateTime>1482048670</CreateTime>
    <MsgType><![CDATA[image]]></MsgType>
    <PicUrl><![CDATA[this is a url]]></PicUrl>
    <MediaId><![CDATA[media_id]]></MediaId>
    <MsgId>1234567890123456</MsgId>
</xml>
```

■ JSON 格式

```json
{
    "ToUserName": "toUser",
    "FromUserName": "fromUser",
    "CreateTime": 1482048670,
    "MsgType": "image",
    "PicUrl": "this is a url",
    "MediaId": "media_id",
    "MsgId": 1234567890123456
}
```

图片消息数据包字段参数说明如下：

参　　数	说　　明
ToUserName	小程序的原始 ID。
FromUserName	发送者的 openid。
CreateTime	消息创建时间（整型）。
MsgType	image。
PicUrl	图片链接（由系统生成）。
MediaId	图片消息媒体 id，可以调用获取临时素材接口拉取数据。
MsgId	消息 id，64 位整型。

（3）进入会话事件消息

用户在小程序"客服会话按钮"进入客服会话时将产生如下事件消息数据包：

■ **XML 格式**

```
<xml>
    <ToUserName><![CDATA[toUser]]></ToUserName>
    <FromUserName><![CDATA[fromUser]]></FromUserName>
    <CreateTime>1482048670</CreateTime>
    <MsgType><![CDATA[event]]></MsgType>
    <Event><![CDATA[user_enter_tempsession]]></Event>
    <SessionFrom><![CDATA[sessionFrom]]></SessionFrom>
</xml>
```

■ **JSON 格式**

```
{
    "ToUserName": "toUser",
    "FromUserName": "fromUser",
    "CreateTime": 1482048670,
    "MsgType": "event",
    "Event": "user_enter_tempsession",
    "SessionFrom": "sessionFrom"
}
```

进入会话事件消息字段参数说明如下：

参　　数	说　　明
ToUserName	小程序的原始 ID。
FromUserName	发送者的 openid。
CreateTime	事件创建时间（整型）。
MsgType	event。
Event	事件类型，user_enter_tempsession。
SessionFrom	开发者在客服会话按钮设置的 sessionFrom 参数。

2. 发送客服消息接口

当用户和小程序客服产生特定动作的交互时，微信将会把消息数据推送给开发者。开发者可以在一段时间内（目前为 48 小时）调用客服接口，通过 POST 一个 JSON 数据包来发送消息给普通用户。此接口主要用于客服等有人工消息处理环节的功能，方便开发者为用户提供更加优质的服务。

目前允许的客户消息发送动作列表如下。不同动作触发后，允许的客服接口下发消息条数和下发时限不同。

用户动作	允许下发条数限制	下发时限
用户通过客服消息按钮进入会话	1 条	1 分钟
用户发送信息	3 条	48 小时

（1）发送客服消息接口

HTTP 请求方式：POST

HTTP 请求接口：https://api.weixin.qq.com/cgi-bin/message/custom/send?access_token=
ACCESS_TOKEN

（2）各消息类型的 JSON 数据包

发送文本消息：

```
{
    "touser":"OPENID",
    "msgtype":"text",
    "text":
    {
        "content":"Hello World"
    }
}
```

发送图片消息：

```
{
    "touser":"OPENID",
    "msgtype":"image",
    "image":
    {
        "media_id":"MEDIA_ID"
    }
}
```

发送客服消息参数说明如下：

参　　数	是否必须	说　　明
access_token	是	调用接口凭证。
touser	是	普通用户 -openid。
msgtype	是	消息类型，文本为 text，图片为 image。
content	是	文本消息内容。
media_id	是	发送的图片的媒体 ID，通过新增素材接口上传图片文件获得。

（3）发送错误的返回码

下发条数达到上限后，会收到错误返回码。返回码说明如下：

参　　数	说　　明
-1	系统繁忙，此时请开发者稍候再试。
0	请求成功。
40001	获取 access_token 时 AppSecret 错误，或者 access_token 无效。请开发者认真比对 AppSecret 的正确性，或查看是否正在为恰当的小程序调用接口。
40002	不合法的凭证类型。
40003	不合法的 OpenID，请开发者确认 OpenID 是否是其他小程序的 OpenID。
45015	回复时间超过限制。
45047	客服接口下行条数超过上限。
48001	API 功能未授权，请确认小程序已获得该接口。

3. 临时素材接口

小程序可以使用本接口获取客服消息内的临时素材（即下载临时的多媒体文件）。目前小程序仅支持下载图片文件。

接口调用请求说明：

- HTTP 请求方式：GET、HTTPS 调用

- https://api.weixin.qq.com/cgi-bin/media/get?access_token=ACCESS_TOKEN&media_id=MEDIA_ID

接口参数说明如下：

参　　数	是否必须	说　　明
access_token	是	调用接口凭证。
media_id	是	媒体文件 ID。

接口请求示例（示例为通过 curl 命令获取多媒体文件）：

```
curl -I -G
"https://api.weixin.qq.com/cgi-bin/media/get?access_token=ACCESS_TOKEN&media_
    id=MEDIA_ID"
```

正确情况下，示例返回的 HTTP 头如下：

```
HTTP/1.1 200 OK
Connection: close
Content-Type: image/jpeg
Content-disposition: attachment; filename="MEDIA_ID.jpg"
Date: Sun, 06 Jan 2013 10:20:18 GMT
Cache-Control: no-cache, must-revalidate
```

```
Content-Length: 339721
curl -G "https://api.weixin.qq.com/cgi-bin/media/get?access_token=ACCESS_
  TOKEN&media_id=MEDIA_ID"
```

如果返回的是视频消息素材，则内容如下：

```
{
  "video_url":DOWN_URL
}
```

错误情况下的返回 JSON 数据包示例如下（示例为无效媒体 ID 错误）：

```
{
  "errcode":40007,
  "errmsg":"invalid media_id"
}
```

4. 新增临时素材

小程序可以使用本接口把媒体文件（目前仅支持图片）上传到微信服务器，用户发送客服消息或被动回复用户消息。

接口调用请求说明：

- HTTP 请求方式：POST/FORM、HTTPS 调用
- https:// api.weixin.qq.com/cgi-bin/media/upload?access_token=ACCESS_TOKEN&type=TYPE

接口参数说明如下：

参数	是否必须	说　明
access_token	是	调用接口凭证。
type	是	image。
media	是	form-data 中媒体文件标识，有 filename、filelength、content-type 等信息。

接口使用示例（使用 curl 命令，用 FORM 表单方式上传一个多媒体文件）：

```
curl -F media=@test.jpg
"https://api.weixin.qq.com/cgi-bin/media/upload?access_token=ACCESS_
  TOKEN&type=TYPE"
```

正确情况下示例的返回 JSON 数据包结果如下：

```
{
  "type":"TYPE",
  "media_id":"MEDIA_ID",
```

```
    "created_at":123456789
}
```

其中 JSON 数据包字段参数含义如下：

参　　数	描　　述
type	image。
media_id	媒体文件上传后，获取标识。
created_at	媒体文件上传时间戳。

错误情况下的返回 JSON 数据包示例如下（示例为无效媒体类型错误）：

```
{
  "errcode":40004,
  "errmsg":"invalid media type"
}
```

5. 接入概述

要接入使用微信小程序消息服务，开发者需要按照如下三个步骤进行：

1）填写服务器配置。

2）验证服务器地址的有效性。

3）依据接口文档实现业务逻辑。

下面详细介绍这 3 个步骤。

第一步：填写服务器配置

登录微信小程序官网后，在小程序官网的"设置 - 消息服务器"页面，管理员扫码启用消息服务，填写服务器地址（URL）、Token 和 EncodingAESKey，参见图 5-12。

URL 是开发者用来接收微信消息和事件的接口 URL。Token 可由开发者可以任意填写，用作生成签名（该 Token 会和接口 URL 中包含的 Token 进行比对，从而验证安全性）。EncodingAESKey 由开发者手动填写或随机生成，将用作消息体加解密密钥。

同时，开发者可选择消息加解密方式：明文模式、兼容模式和安全模式。可以选择消息数据格式：XML 格式或 JSON 格式。加密方式的默认状态是明文格式，而数据格式的默认状态是 XML 格式。

模式的选择与服务器配置在提交后都会立即生效，请开发者谨慎填写及选择。切换加密方式和数据格式需要提前配置好相关代码。关于消息加解密，请参考公众平台相关文档。

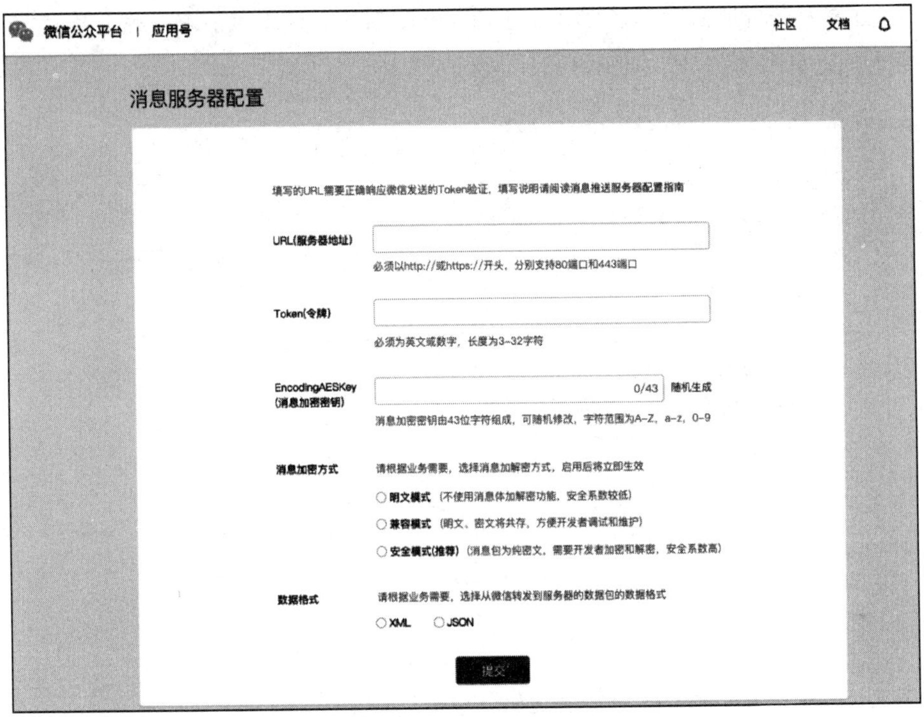

图 5-12　消息服务器配置

第二步：验证消息的确来自微信服务器

开发者提交信息后，微信服务器将发送 GET 请求到填写的服务器地址 URL 上，GET 请求携带参数如下：

参　　数	描　　述
signature	微信加密签名，signature 结合了开发者填写的 token 参数和请求中的 timestamp 参数、nonce 参数。
timestamp	时间戳。
nonce	随机数。
echostr	随机字符串。

开发者通过检验 signature 对请求进行校验（下面有校验方式）。若确认此次 GET 请求来自微信服务器，请原样返回 echostr 参数内容，则接入生效，成为开发者成功，否则接入失败。加密 / 校验流程如下：

1）将 token、timestamp、nonce 三个参数进行字典序排序。

2）将三个参数字符串拼接成一个字符串进行 sha1 加密。

3）开发者获得加密后的字符串可与 signature 对比，标识该请求来源于微信。

检验 signature 的 PHP 示例代码：

```php
private function checkSignature()
{
    $signature = $_GET["signature"];
    $timestamp = $_GET["timestamp"];
    $nonce = $_GET["nonce"];

    $token = TOKEN;
    $tmpArr = array($token, $timestamp, $nonce);
    sort($tmpArr, SORT_STRING);
    $tmpStr = implode( $tmpArr );
    $tmpStr = sha1( $tmpStr );

    if( $tmpStr == $signature ){
        return true;
    }else{
        return false;
    }
}
```

第三步：依据接口文档实现业务逻辑

验证 URL 有效性成功后即接入生效，成为开发者。至此用户向小程序客服发送消息、或者进入会话等情况时，开发者填写的服务器配置 URL 将得到微信服务器推送过来的消息和事件，开发者可以依据自身业务逻辑进行响应。

另请注意，开发者所填写的 URL 必须以 http:// 或 https:// 开头，分别支持 80 端口和 443 端口。

5.8.6 分享 API

我们可在页面 js 文件中定义 onShareAppMessage 函数，设置该页面的分享信息。只有定义了此事件处理函数，用户访问该页面时，其右上角菜单才会显示"分享"按钮。函数会在用户点击"分享"按钮时被调用。

"分享"事件需要返回一个 Object，用于自定义分享内容。Object 属性（自定义分享字段）说明如下：

字段	说明	默认值
title	分享标题	当前小程序名称。
path	分享路径	当前页面 path，必须是以 / 开头的完整路径。

示例代码如下：

```
Page({
  onShareAppMessage: function () {
    return {
      title: ' 自定义分享标题 ',
      path: '/page/user?id=123'
    }
  }
})
```

> 注意　分享图片不能自定义；会取当前页面，从顶部开始，高度为 80% 屏幕宽度
> 的图像作为分享图片。

5.8.7　获取二维码 API

我们可以通过后台接口获取小程序任意页面的二维码，扫描该二维码可以直接进入小程序对应的页面。接口地址为：

https://api.weixin.qq.com/cgi-bin/wxaapp/createwxaqrcode?access_token=ACCESS_TOKEN

接口请求方式为：POST，其参数说明如下：

POST 参数	默认值	说　　明
path		不能为空，最大长度 128 字节。
width	430	二维码的宽度。

POST 示例的 JSON 数据包如下：

```
{
"path": "pages/index?query=1",
"width": 430
}
```

其中 pages/index 需要在 app.json 的 pages 中定义。

> 注意
> ■ 通过该接口，仅能生成已发布的小程序的二维码。
> ■ 可以在开发者工具预览时生成开发版的带参二维码。
> ■ 带参二维码只有 100 000 个，请谨慎调用。
> ■ POST 参数需要转成 json 字符串，不支持 form 表单提交。

第6章　小程序开发纲要

本章将从全局的角度，简要地阐述小程序开发所涉及的内容与关键点，以帮助开发者掌握小程序开发的纲要。主要包括界面、网络、本地数据及缓存、设备硬件、微信开放接口、媒体、后端开发与设计。

6.1　界面

框架为开发者提供了一系列基础组件，开发者可以通过组合这些基础组件进行快速开发。简单的理解就是为小程序提供了开发的标准界面模板，一些标准的 View 将会大大节省了 UI 开发成本，也让风格一致，体验可控。基本上来说，这个组件的风格都比较偏向于微信的风格，毕竟也是在微信里使用的嘛。

小程序除了提供基础的组件，如文字、icon、进度条、滚动条、表单组件（button、checkbox、input、picker、开关选择器、滑动选择器、弹窗、弹自定义菜单）等之外，还提供了媒体组件、地图和画布功能组件。

下面是部分案例。

1. 在标题栏显示和隐藏"正在加载"动画

代码如下：

```
Page({
  showNavigationBarLoading: function () {
wx.showNavigationBarLoading()
  },
  hideNavigationBarLoading: function () {
wx.hideNavigationBarLoading()
  }
})
```

2. 页面间跳转

代码如下：

```
Page({
  navigateTo: function () {
```

```
    wx.navigateTo({ url: './navigator' })
  },
  navigateBack: function () {
    wx.navigateBack()
  },
  redirectTo: function () {
    wx.redirectTo({ url: './navigator' })
  }
})
```

这里要注意 navigateTo 和 redirectTo 的区别，navigateTo 保留当前页面，然后跳到新页面，可以通过 navigateBack 方法返回到之前的页面。而 redirectTo 方法会先关闭当前页面，然后跳转到新页面，没有办法再返回了。整个小程序只能保持 5 个打开的页面。

3. 下拉屏幕

代码如下：

```
Page({
  onPullDownRefresh: function() {
    console.log('onPullDownRefresh', new Date())
  },
  stopPullDownRefresh: function() {
    wx.stopPullDownRefresh ({
      complete: function (res) {
        console.log(res, new Date())
      }
    })
  }
})
```

当用户下拉操作的时候，在 Console 输出当前日期。

4. 弹出自定义操作菜单

界面如图 6-1 所示。

代码如下：

```
wx.showActionSheet({
  itemList: ['item1', 'item2', 'item3','item4'],
  success: function(res) {
    if (!res.cancel) {
      console.log(res.tapIndex);
    }
  }
});
```

代码定义了 4 个操作菜单：item1、item2、item3、

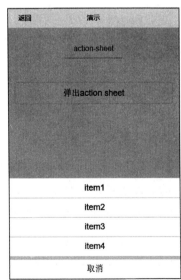

图 6-1　自定义操作菜单

item4，通过 wx. showActionSheet 来弹出显示。

5. 显示消息提示框（2 秒）

代码如下：

```
wx.showToast({
  title: '成功',
  icon: 'success',
  duration: 2000
});
setTimeout(function(){
  wx.hideToast()
},1000);
```

设置 1000 毫秒后隐藏。

6. 显示模态弹窗

显示模态弹窗如图 6-2 所示。

代码如下：

```
wx.showModal({
  title: '标题',
  content: '这是对话框内容',
  success: function(res) {
    if (res.confirm) {
      console.log('确定按钮');
    }
    else {
      console.log('取消按钮');
    }
  },
});
```

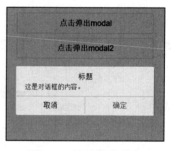

图 6-2　显示模态弹窗

6.2　网络

微信小程序包括四种类型的网络请求：普通 HTTPS 请求（wx.request）、上传文件（wx.uploadFile）、下载文件（wx.downloadFile）、WebSocket 通信（wx.connectSocket）。

在微信小程序里进行网络通信，只能和指定的域名进行通信，同时只能有 5 个网络请求连接。而且只支持 HTTPS 请求，不支持 HTTP 请求。但是经测试发现，目前 HTTP 还是支持的，正式发布的时候是否会取消支持，还有待观察。

另外微信小程序框架还提供了一个非常关键的 API：WebSocket，这块可以做的事情非常多，大家可以发挥想象空间。

具体可以参考 7.5 节 "WebSocket 高级应用——远程控制设备" 的案例。

6.3　本地数据及缓存

每个微信小程序都可以有自己的本地缓存，是永久存储的，最大不超过 10M。这个功能的推出，是在通往 Native 的道路上所做的重大突破。应用瞬间秒开，体验爆棚，最逼近原生体验的方法，不像原来的公众号，刷了好久才出来。其实原理很简单，就是预先加载图片等原生数据，不需要再等待，但是第一次还是要下载的。

有了缓存操作，也就意味着，"小程序"的用户数据可以缓存起来，做一些预加载策略提升体验，以此来达到接近 Native 体验的目的。但是也要注意，如果使用另外的设备登录小程序，这些本地化缓存的数据将读取不到了。

数据缓存的接口提供了同步和异步两套方法，方法名上就能分得很清楚，带 Sync 后缀的为同步接口，不带的为异步接口。

数据存储接口如下：

```
wx.setStorage({
  key:"key"
  data:"value"
})

try {
    wx.setStorageSync('key', 'value')
} catch (e) {
}
```

数据读取接口如下：

```
wx.getStorage({
  key: 'key',
  success: function(res) {
      console.log(res.data)
  }
})

try {
  var value = wx.getStorageSync('key')
  if (value) {
    // Do something with return value
}
```

```
} catch(e) {
  // Do something when catch error
}
```

删除缓存数据接口如下：

```
wx.removeStorage({
  key: 'key',
  success: function(res) {
    console.log(res.data)
  }
})

try {
  wx.removeStorageSync('key')
} catch (e) {
  // Do something when catch error
}
```

清空本地接口代码：

```
wx.clearStorage()
try {
    wx.clearStorageSync()
} catch(e) {
}
```

查看缓存空间的信息：

```
wx.getStorageInfo({
  success: function(res) {
    console.log(res.keys)
    console.log(res.currentSize)
    console.log(res.limitSize)
  }
})

try {
  var res = wx.getStorageInfoSync()
  console.log(res.keys)
  console.log(res.currentSize)
  console.log(res.limitSize)
} catch (e) {
  // Do something when catch error
}
```

返回的信息包括三个数据项：

- keys：当前 storage 中所有的 key。

- currentSize：当前缓存所占空间的大小，单位为 KB。
- limitSize：限制的空间大小，单位为 KB。

文件操作：

1）wx.getSavedFileList：功能是获取本地已保存的文件列表。文件路径如下：

```
filePath: wxfile://xxxxxxxxx.png
```

2）wx.getSavedFileInfo：获取某个已保存文件的信息：

```
wx.getSavedFileInfo({
  filePath: filePath,
  success: (res)=> {
    console.log(res);
  }
})
```

3）wx.removeSavedFile：删除本地已保存的文件：

```
wx.removeSavedFile({
  filePath: filePath,
  success: (res)=> {
    console.log('删除成功:'+res);
  }
})
```

以上方法都只能操作 wx.saveFile 保存过的文件。

4）wx.saveFile：保存文件到本地。

5）wx.openDocument：打开文档的内容，在新页面显示，目前支持：doc、xls、ppt、pdf、docx、xlsx、pptx：

```
wx.downloadFile({
  url: 'http://www.apayado.com/docs/xiaochengxu.doc',
  success: (res)=> {
    var filePath = res.tempFilePath
    wx.openDocument({
      filePath: filePath,
      success: function (res) {
        console.log('res');
      }
    });
  }
});
```

先下载，再打开。

6.4 设备硬件

这里提供的功能主要包含查看网络状态、系统信息、获得重力与罗盘传感器的信息。

让小程序读取重力和罗盘的数据是最激动人心的功能了，监听的频率是每秒 5 次，以后就可以摇一摇啦，哈哈。还可以做些小游戏，可是 ......，为什么不提供蓝牙 API 呢？为什么不提供蓝牙 API 呢？为什么不提供蓝牙 API 呢？

重要的事情要说 3 遍！蓝牙这个真的很重要啊！

最新版本的小程序提供了拨打电话的 API，有个回调函数，拨打完成后可以进行一些处理。下面是相关功能示例。

- 获取网络状态的代码片段：

```
Page({
  data: {
    hasNetworkType: false
  },
  getNetworkType: function() {
    var that=this
    wx.getNetworkType({
      success: function(res) {
        console.log(res)
        that.setData({
          hasNetowrkType: true,
          networkType: res.subtype || res.netowrkType
        })
        that.updata()
      }
    })
  },
```

- 获取系统信息的代码片段：

```
Page({
  data: {
    systemInfo: {}
  },
  getSystemInfo: function() {
    var that = this
    wx.getSystemInfo({
      success: function (res) {
        that.setData({
          systemInfo: res
        })
        this.update()
```

```
        }
    })
  }
})
```

返回 res 参数包含有型号 / 语言 / 微信版本 / 长度 / 宽度 /DPI：

```
console.log(res.model)
console.log(res.pixelRatio)
console.log(res.windowWidth)
console.log(res.windowHeight)
console.log(res.language)
console.log(res.version)
```

例子如下：

- 手机型号：iPhone 6

- 微信语言：zh_CN

- 微信版本：6.3.9

- 屏幕宽度：375

- 屏幕高度：627

- DPI：2

- 罗盘数据：

```
wx.onCompassChange(function (res) {
  console.log(res.direction)
})
```

返回参数 direction，是面对的方向度数。每秒钟采集 5 次数据。

- 重力数据：

```
wx.onAccelerometerChange(function(res) {
  console.log(res.x)
  console.log(res.y)
  console.log(res.z)
})
```

返回 X/Y/Z 坐标轴。每秒钟采集 5 次数据。

6.5　微信开放接口

微信登录是通过 wx.login 这个 API 登录。与移动应用和网页应用的不同之处是抛弃了 access_token 的验证方式，而是采用 session_key 加签名的方式，为小程序与服务器交换敏感数据提供了对称加密方法。签名方法对小程序透明，后端服务实现相应的解密程序以及登录态验证和控制能力。

执行 wx.login 后可以通过 wx.checkSession 方法来判断 session 是否过期：

```
wx.checkSession({
  success: function(){
    console.log('session 未过期');
  },
  fail: function(){
    console.log('session 已过期');
    wx.login();
  }
});
```

用户信息可以通过 wx.getUserInfo 获取，包括敏感数据在内的完整用户信息是加密的（包括 openid、UnionId），微信公众平台小程序文档提供了相关数据解密算法。

encryptData 解密后为以下 json 结构：

```
{
  "openId": "OPENID",
  "nickName": "NICKNAME",
  "gender": 1,
  "city": "CITY",
  "province": "PROVINCE",
  "country": "COUNTRY",
  "avatarUrl": "AVATARURL",
  "unionId": "UNIONID"
}
```

消息和其他公众号的使用方式是一样的，定义模板，发送模板消息。

微信支付相当简单了，只要调用 wx.requestPayment 方法就可以了。

社交是 API 功能，是腾讯社交基因最强大的体现，相信其他公司的产品很难与微信抗衡。但是小程序依然没开放用户和用户之间的关系数据。

6.6 媒体

媒体组件和 API 的提供，可以播放音频、视频和图片，这给小程序带来了丰富娱乐的可能性。配合相应的 API，就可以做一些影音播放器啦，想想看，自己做一个暴风影音或者 QQ 音乐，是不是很期待呢？或者可以基于像腾讯云平台提供的流媒体转码和播放服务，搭建自己的直播小程序应用啦。

但是我在这里想说的是另外一个功能：录音功能。

它给了开发者在语音创作方面一个非常大的发挥空间。你可以把录取的音频文件，提交到后端的云上进行语音识别和解析，实现各类创新的产品。

比如，可以基于此开发一个微信的语音秘书小程序，想想 siri，多有乐趣。这里简单的讲一下录音的例子：

界面如图 6-3 所示。

数据格式如下：

图 6-3　录音功能

```
data: {
  recording: false,
  playing: false,
  hasRecord: false,
  recordTime: 0
  playTime: 0
  formatedRecordTime: '00:00:00',
  formatedPlayTime: '00:00:00'
},
```

点击麦克风图标开始录音的代码如下：

```
startRecord: function() {
  this.setData({ recording: true })

  var that = this
  var interval = setInterval(function() {
    that.data.recordTime += 1
    that.setData({
      formatedRecordTime: util.formatTime(that.data.recordTime)
    })
  },1000)
  wx.startRecord({
    success: function (res) {
      that.setData({
        hasRecord: true,
        tempFilePath: res.tempFilePath,
        formatedPlayTime: util.formatTime(that.data.playTime)
    })
    },
    complete: funtion() {
      that.setData({ recording: false })
      clearInterval(interval)
    }
  })
},
```

再点击停止录音的代码：

```
stopRecord: function() {
  wx.stopRecord()
},
```

接下来是可以上传到云端进行语义分析，但是我们这里简单起见，只是播放录音就可以了。代码片段如下：

```
playVoice: function() {
  var that = this
  playTimeInterval = setInterval(function() {
    that.data.playTime += 1
    that.setData({
      playing: true,
      formatedPlayTime: util.formatTime(that.data.playTime)
    })
  },1000)
  wx.playVoice ({
    filePath: this.data.tempFilePath,
    success: function () {
      clearInterval(playTimeInterval)
      that.data.playTime = 0
      that.setData({
        playing: false,
        formatedPlayTime: util.formatTime(that.data.playTime)
      })
    }
  })
},
```

暂停 / 停止的代码如下：

```
pauseVoice: function() {
  clearInterval(playTimeInterval)
  wx.pauseVoice()
  this.setData({
    playing: false
  })
},
stopVoice: function() {
  clearInterval(playTimeInterval)
  this.data.playTime = 0
  this.setData({
    playing: false
    formatedPlayTime: util.formatTime(this.data.playTime)
  })
  wx.stopVoice()
},
```

其他媒体类的开发，我们在下一章中将会重点介绍。

6.7　后端开发与设计

对于小程序来说，不论是提供的框架、组件，还是 API，基本上都是围绕着前端页面进行的构建和开发，而最终还是需要和后端的服务相关联，所以基本上都要通过网络请求的 API 来进行通信。

后端开发的几个关键点如下：

1）最适用的就是最好的，而不是追求最新的技术：系统要稳定，响应要迅速，并能适应业务的变化，还要能给开发带来便利。

2）管理和监控不可少：无论业务开发如何忙，都要把监控和管理跟上，要不然出了事也不知道怎么回事。

3）安全、容灾、故障恢复：确保数据和软硬件不会丢失、泄密、损坏。即便有损坏，也要能及时恢复。

对于小程序来说，前后台通信的数据格式基本上都是用 json 格式来传输的，所以一定要确保 json 格式的正确性，对于异常的处理要封装好。

第 7 章　小程序经典案例

本章将以实际的应用场景案例，来阐述小程序项目的开发过程及代码实现，帮助开发者积累小程序项目开发的实战经验。我们会阐述下面这六个经典案例：

- 文件上传与下载——小相册；
- 流媒体转码与播放——视频点播；
- 互动——高冷机器人；
- LBS 应用——周边信息点；
- WebSocket 高级应用——远程控制设备；
- 扫码应用——微投票。

7.1　文件上传与下载——小相册

7.1.1　功能详解

本案例实现以下相册功能：

- 列出 COS 服务器中的图片列表。
- 点击左上角上传图片图标，可以调用相机拍照或从手机相册选择图片，并将选中的图片上传到 COS 服务器中。
- 轻按任意图片，可进入全屏图片预览模式，并可左右滑动切换预览图片。
- 长按任意图片，可将其保存到本地，或从 COS 中删除。

小相册项目例如图 7-1 所示。

7.1.2　程序结构

完整的相册小程序实现，不仅包括前端的微信小程序端，还要包括后端的服务器逻辑 CGI、相册图片云端存储与读取，其整体架构如图 7-2 所示。

相册小程序目录结构同样是经典结构，多了 2 个资源目录：images 目录，存放小程序需使用的图片文件；lib 目录，存放公共的、模块化的 js 文件，如图 7-3 所示。

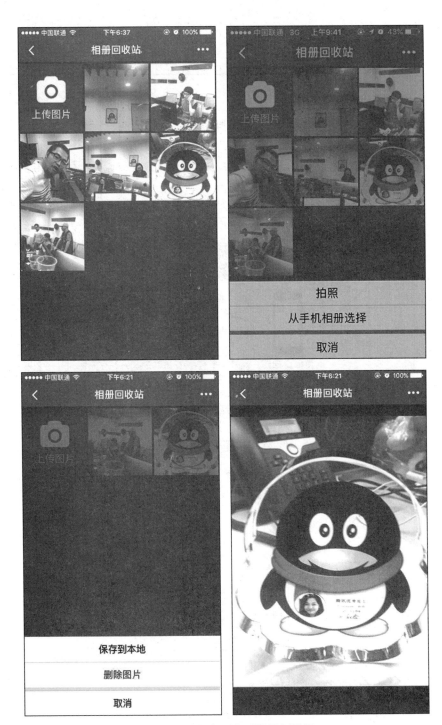

图 7-1　相册小程序项目示例视图

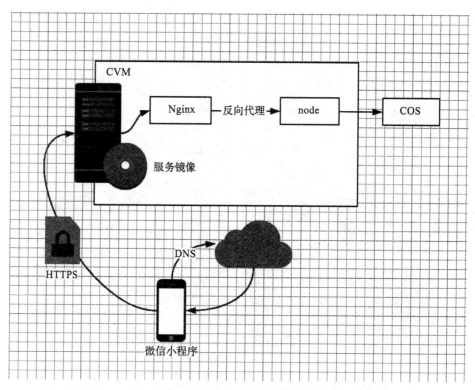

图 7-2　小相册项目整体架构图

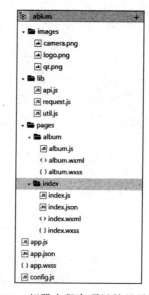

图 7-3　相册小程序项目的目录结构

7.1.3　程序细化

相册小程序实例 App 代码非常简洁：

```
// App.js
App({

});

// app.json
{
  "pages": [
    "pages/index/index",
    "pages/album/album"
  ],

  "window": {
    "backgroundTextStyle": "dark",
    "navigationBarBackgroundColor": "#373b3e",
    "navigationBarTitleText": " 相册回收站 ",
    "windowBackground": "#1c1b16",
    "navigationBarTextStyle": "white"
  }
}

// app.wxss
page {
  background-color: #1c1b16;
}

// config.js
module.exports = {
  /* 通信域名 */
  host: 'www.qcloud.la',
  basePath: '/applet/album',
};
```

相册小程序首页 index 代码也比较简洁，由 3 个文件构成：index.js、index.wxml 及 idex.wxss。比较特殊一点的是样式文件 index.wxss 中，背景图片使用了 base64 编码，全部包括在代码中了：

```
// index.js
Page({
  // 前往相册页
  gotoAlbum() {
    wx.navigateTo({ url: '../album/album' });
  },
```

```
});

// index.wxml
<view>
  <view class="page-top">
    <text class="username">恭喜你</text>
    <text class="text-info">成功地搭建了一个微信小程序</text>
    <view class="page-btn-wrap">
      <button class="page-btn" bindtap="gotoAlbum">进入相册</button>
    </view>
  </view>
  <view class="page-bottom">
    <text class="qr-txt">分享二维码邀请好友结伴一起写小程序！</text>
    <image src="../../images/qr.png" class="qr-img"></image>
    <image src="../../images/logo.png" class="page-logo"></image>
  </view>
</view>

// index.json
{
  "navigationBarBackgroundColor": "#2277da",
  "navigationBarTextStyle": "white"
}

// index.wxss
.page-top {
  width: 750rpx;
  height: 594rpx;
  background-image: url(data:image/png;base64,iVBO…此处省略图片的base编码…K5CYII=);
  background-repeat: no-repeat;
  background-size: 750rpx 694rpx;
  background-position:0 -40rpx;
  position: relative;
  z-index: 2;
}
.username,.text-info {
  position: absolute;
  left:50%;
  transform: translateX(-50%);
  white-space: nowrap;
}
.username {
  font-size: 40rpx;
  color: #fff;
  top:339rpx;
}
.text-info {
  font-size: 32rpx;
```

```css
    color:#bdd0ee;
    top:400rpx;
}
.page-btn-wrap {
    position: absolute;
    top: 470rpx;
    width: 100%;
    text-align: center;
}
.page-btn {
    position:relative;
    margin:0 20rpx;
    padding:0;
    box-sizing:border-box;
    font-size:32rpx;
    text-decoration:none;
    -webkit-tap-highlight-color:transparent;
    overflow:hidden;
    display: inline-block;
    width: 300rpx;
    height: 85rpx;
    background-color: #fff;
    color: #2277da;
    line-height: 85rpx;
}
.page-bottom {
    background-color: #fff;
    width: 100%;
    height: 100%;
    position: absolute;
    top: 0;
    left: 0;
    padding: 624rpx 0 0;
    z-index: 1;
    box-sizing: border-box;
}
.qr-img {
    display: block;
    width: 300rpx;
    height: 300rpx;
    margin: 40rpx auto;
}
.qr-txt {
    display: block;
    color: #666;
    font-size: 32rpx;
    margin: 20rpx auto 0;
    text-align: center;
}
```

```
.page-logo {
  display: block;
  width: 200rpx;
  height: 54rpx;
  margin: 40rpx auto 40rpx;
}
```

相册小程序功能页为 album 代码，同样有 3 个文件：album.wxml、albm.js 及 album. uxxss。这个 album 页的功能比较多，使用了较多的组件与 API 接口，相对复杂一点，但代码里都给出了注释，相信大家看起来已经很容易了。

先来看 album 页面结构文件 album.wxml 的代码：

```
// album.wxml
<scroll-view class="container" scroll-y="true" style="display: {{!preview ?
  'block' : 'none'}};">
  <view class="album-container">
    <view class="item-group" wx:for="{{layoutList}}" wx:for-item="group">
      <block wx:for="{{group}}" wx:for-item="item">
        <block wx:if="{{item}}">
          <image bindtap="enterPreviewMode" bindlongtap="showActions" data-
          src="{{item}}" class="album-item" src="{{item}}" mode="aspectFill"></
          image>
        </block>
        <block wx:else>
          <view class="album-item empty"></view>
        </block>
      </block>
    </view>
  </view>
  <view class="upload-image" bindtap="chooseImage">
    <image src="/images/camera.png" mode="aspectFit"></image>
    <text> 上传图片 </text>
  </view>
</scroll-view>

<swiper class="swiper-container" duration="400" current="{{previewIndex}}"
  bindtap="leavePreviewMode" style="display: {{previewMode ? 'block' :
  'none'}};">
  <block wx:for="{{albumList}}" wx:for-item="item">
    <swiper-item>
      <image src="{{item}}" mode="aspectFit"></image>
    </swiper-item>
  </block>
</swiper>

<action-sheet hidden="{{!showActionsSheet}}" bindchange="hideActionSheet">
  <action-sheet-item bindtap="downloadImage"> 保存到本地 </action-sheet-item>
```

```
<action-sheet-item class="warn" bindtap="deleteImage"> 删除图片 </action-sheet-
    item>
  <action-sheet-cancel class="cancel"> 取消 </action-sheet-cancel>
</action-sheet>
<loading hidden="{{!showLoading}}" bindchange="hideLoading">{{loadingMessa
ge}}</loading>
<toast hidden="{{!showToast}}" duration="1000" bindchange="hideToast">{{toa
stMessage}}</toast>
```

其次，再来看看 album 页面逻辑的代码呈现。在这里列出了互动代码，并加了对应的注释信息，帮助大家完整理解实现逻辑：

```
// album.js
const config = require('../../config.js');
const { listToMatrix, always } = require('../../lib/util.js');
const request = require('../../lib/request.js');
const api = require('../../lib/api.js');

Page({
  data: {
    // 相册列表数据
    albumList: [],
    // 图片布局列表 (二维数组, 由 `albumList` 计算而得)
    layoutList: [],
    // 布局列数
    layoutColumnSize: 3,
    // 是否显示 loading
    showLoading: false,
    // loading 提示语
    loadingMessage: '',
    // 是否显示 toast
    showToast: false,
    // 提示消息
    toastMessage: '',
    // 是否显示动作命令
    showActionsSheet: false,
    // 当前操作的图片
    imageInAction: '',
    // 图片预览模式
    previewMode: false,
    // 当前预览索引
    previewIndex: 0,
  },
  // 显示 loading 提示
  showLoading(loadingMessage) {
    this.setData({ showLoading: true, loadingMessage });
  },
  // 隐藏 loading 提示
```

```
hideLoading() {
  this.setData({ showLoading: false, loadingMessage: '' });
},
// 显示 toast 消息
showToast(toastMessage) {
  this.setData({ showToast: true, toastMessage });
},
// 隐藏 toast 消息
hideToast() {
  this.setData({ showToast: false, toastMessage: '' });
},
// 隐藏动作列表
hideActionSheet() {
  this.setData({ showActionsSheet: false, imageInAction: '' });
},
onLoad() {
  this.renderAlbumList();
  this.getAlbumList().then((resp) => {
    if (resp.code !== 0) {
      // 图片列表加载失败
      return;
    }
    this.setData({ 'albumList': this.data.albumList.concat(resp.data) });
    this.renderAlbumList();
  });
},
// 获取相册列表
getAlbumList() {
  this.showLoading('加载列表中…');
  setTimeout(() => this.hideLoading(), 1000);
  return request({ method: 'GET', url: api.getUrl('/list') });
},
// 渲染相册列表
renderAlbumList() {
  let layoutColumnSize = this.data.layoutColumnSize;
  let layoutList = [];
  if (this.data.albumList.length) {
    layoutList = listToMatrix([0].concat(this.data.albumList), layoutColumnSize);
    let lastRow = layoutList[layoutList.length - 1];
    if (lastRow.length < layoutColumnSize) {
      let supplement = Array(layoutColumnSize - lastRow.length).fill(0);
      lastRow.push(...supplement);
    }
  }

  this.setData({ layoutList });
},

// 从相册选择照片或拍摄照片
```

```
chooseImage() {
  wx.chooseImage({
    count: 9,
    sizeType: ['original', 'compressed'],
    sourceType: ['album', 'camera'],
    success: (res) => {
      this.showLoading(' 正在上传图片…');
      console.log(api.getUrl('/upload'));
      wx.uploadFile({
        url: api.getUrl('/upload'),
        filePath: res.tempFilePaths[0],
        name: 'image',
        success: (res) => {
          let response = JSON.parse(res.data);
          if (response.code === 0) {
            console.log(response);
            let albumList = this.data.albumList;
            albumList.unshift(response.data.imgUrl);
            this.setData({ albumList });
            this.renderAlbumList();
            this.showToast(' 图片上传成功 ');
          } else {
            console.log(response);
          }
        },
        fail: (res) => {
          console.log('fail', res);
        },
        complete: () => {
          this.hideLoading();
        },
      });

    },
  });
},
// 进入预览模式
enterPreviewMode(event) {
  if (this.data.showActionsSheet) {
    return;
  }
  let imageUrl = event.target.dataset.src;
  let previewIndex = this.data.albumList.indexOf(imageUrl);
  this.setData({ previewMode: true, previewIndex: previewIndex });
},
// 退出预览模式
leavePreviewMode() {
  this.setData({ previewMode: false, previewIndex: 0 });
```

```
  },
  // 显示可操作命令
  showActions(event) {
    this.setData({ showActionsSheet: true, imageInAction: event.target.dataset.
      src });
  },
  // 下载图片
  downloadImage() {
    this.showLoading(' 正在保存图片…');
    console.log('download_image_url', this.data.imageInAction);
    wx.downloadFile({
      url: this.data.imageInAction,
      type: 'image',
      success: (resp) => {
        wx.saveFile({
          tempFilePath: resp.tempFilePath,
          success: (resp) => {
            this.showToast(' 图片保存成功 ');
          },
          fail: (resp) => {
            console.log('fail', resp);
          },
          complete: (resp) => {
            console.log('complete', resp);
            this.hideLoading();
          },
        });
      },
      fail: (resp) => {
        console.log('fail', resp);
      },
    });
    this.setData({ showActionsSheet: false, imageInAction: '' });
  },
  // 删除图片
  deleteImage() {
    let imageUrl = this.data.imageInAction;
    let filepath = '/' + imageUrl.split('/').slice(3).join('/');
    this.showLoading(' 正在删除图片…');
    this.setData({ showActionsSheet: false, imageInAction: '' });
    request({
      method: 'POST',
      url: api.getUrl('/delete'),
      data: { filepath },
    })
    .then((resp) => {
      if (resp.code !== 0) {
        // 图片删除失败
        return;
```

```
      }
      // 从图片列表中移除
      let index = this.data.albumList.indexOf(imageUrl);
      if (~index) {
        let albumList = this.data.albumList;
        albumList.splice(index, 1);

        this.setData({ albumList });
        this.renderAlbumList();
      }
      this.showToast(' 图片删除成功 ');
    })
    .catch(error => {
      console.log('failed', error);
    })
    .then(() => {
      this.hideLoading();
    });
  },
});
```

最后是 album 页面的样式定义代码：

```
// album.wxss
.container {
  width: 100%;
  height: 100%;
}
.album-container {
  margin: 0.1rem 0;
}
.item-group {
  display: flex;
}
.album-item {
  flex: 1;
  margin: 0.1rem;
  background: #333;
  text-align: center;
  height: 6.66rem;
  line-height: 6.66rem;
}
.album-item.empty {
  background: transparent;
}
.upload-image {
  color: #ccc;
  background: #333;
  position: absolute;
  left: 0.1rem;
```

```css
  top: 0.2rem;
  width: 6.46rem;
  height: 6.66rem;
  text-align: center;
  line-height: 6.66rem;
}
.upload-image image {
  position: absolute;
  left: 0;
  width: 100%;
  height: 2.6rem;
  top: 1.2rem;
}
.upload-image text {
  position: absolute;
  width: 100%;
  height: 2rem;
  left: 0;
  top: 1.6rem;
}
.swiper-container {
  position: fixed;
  left: 0;
  top: 0;
  width: 100%;
  height: 100%;
  background: #000;
}
.swiper-container image {
  width: 100%;
  height: 100%;
}
action-sheet-item.warn {
  color: #e64340;
}
```

相册小程序中一些公共的、模块化的 js 代码，包括 api.js.reguest.js 与 util.js，使用 require 引入及使用 export 暴露接口，这些文件放到了 lib 目录下：

```js
// api.js
var config = require('../config.js');

module.exports = {
  getUrl(route) {
    return `https://${config.host}${config.basePath}${route}`;
  },
};


// request.js
module.exports = (options) => {
```

```
      return new Promise((resolve, reject) => {
        options = Object.assign(options, {
          success(result) {
            if (result.statusCode === 200) {
              resolve(result.data);
            } else {
              reject(result);
            }
          },

          fail: reject,
        });

        wx.request(options);
      });
    };


    // util.js
    module.exports = {
      // 一维数组转二维数组
      listToMatrix(list, elementsPerSubArray) {
        let matrix = [], i, k;

        for (i = 0, k = -1; i < list.length; i += 1) {
          if (i % elementsPerSubArray === 0) {
            k += 1;
            matrix[k] = [];
          }

          matrix[k].push(list[i]);
        }

        return matrix;
      },

      // 为 promise 设置简单回调（无论成功或失败都执行）
      always(promise, callback) {
        promise.then(callback, callback);
        return promise;
      },
    };
```

7.1.4　程序体验

1. 准备域名和证书

在微信小程序中，所有的网络请求受到严格限制，不满足条件的域名和协议无法请求，具体条件如下：

- 只允许和在公众平台小程序配置好的域名进行通信，如果还没有域名，需要注册一个。
- 网络请求必须走 HTTPS 协议，所以还需要为域名申请一个证书。
- 域名注册好之后，可以登录微信公众平台配置通信域名了，如图 7-4 所示。

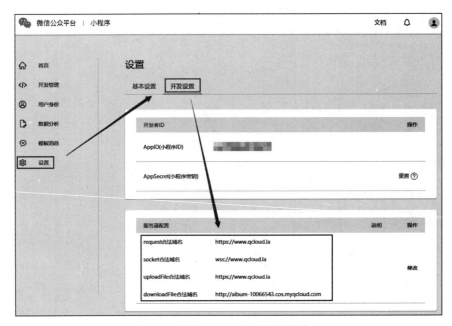

图 7-4　微信公众平台配置通信域名

2. 服务器端搭建

需要 1 台服务器主机，上面搭建 Nginx 和 SSL 支持，以及配置服务器空间（存储相册图片 + 相应 CGI 服务接口）。

服务器端的搭建技术超出本书范畴，这里我们略过。

如果开发者不具备服务端搭建能力，可以使用腾讯云的云主机，相应相册的服务器运行代码和配置已经打包成腾讯云 CVM 镜像，大家可以直接使用。

3. 配置 HTTPS

在服务器端部署的 Nginx 启动配置（/etc/nginx/conf.d）文件里修改配置中的域名、证书、私钥，如图 7-5 所示。

配置完成后，即可启动 Nginx。

```
/etc/initd/nginx start
```

```
server {
    listen 80;
    listen 443 ssl;

    server_name    www.qcloud.la;
    charset        utf-8;

    access_log     logs/www.qcloud.la.access.log main;
    error_log      logs/www.qcloud.la.error.log;

    ssl on;
    ssl_certificate        ssl/1_www.qcloud.la_cert.crt;
    ssl_certificate_key    ssl/2_www.qcloud.la.key;
    ssl_session_timeout    5m;
    ssl_protocols          TLSv1;
    ssl_ciphers            HIGH:!aggNULL:!MD5;
    ssl_prefer_server_ciphers    on;

    include conf.d/partials/*.conf;
}
```

图 7-5　Nginx 中配置 SSL 域名及证书

4. 域名解析

我们还需要添加域名记录解析到我们的服务器上，这样才可以使用域名进行 HTTPS 服务。

若开发者是通过腾讯云注册的域名，可以直接使用云解析控制台来添加主机记录，直接选择上面购买的 CVM，如图 7-6 所示。

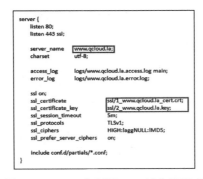

图 7-6　配置域名解析

解析生效后，我们在浏览器使用域名就可以进行 HTTPS 访问，如图 7-7 所示。

5. 微信小程序服务器配置

进入微信公众平台管理后台设置服务器配置，如图 7-8 所示。

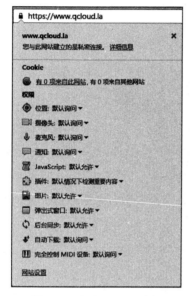

图 7-7　验证 HTTPS 访问　　　　图 7-8　微信公众平台后台配置后端服务器的合法域名

6. 启动相册小程序 Demo

在微信开发者工具将小相册应用包源码添加为项目，并把源文件 config.js 中的通信域名修改成上面申请的域名，如图 7-9 所示。

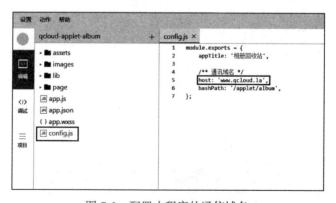

图 7-9　配置小程序的通信域名

然后点击"调试"即可打开小相册 Demo 开始体验。

7.2　流媒体转码与播放——视频点播

小程序提供了媒体相关的 API，完全可以打造强大而丰富的娱乐功能。本案例会讲解流媒体的一些小操作，实现本地及网络视频点播功能。

7.2.1　功能详解

本案例有 2 个功能，一个是本地播放；另一个是上传后通过网络播放。如图 7-10、图 7-11 所示。

图 7-10　案例功能 1：播放视频　　图 7-11　案例功能 2：上传播放视频

7.2.2　程序目录结构

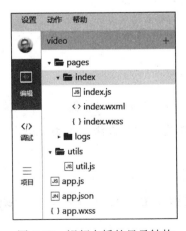

图 7-12　视频点播的目录结构

使用默认的目录结构就够了，主要修改 index.js 和 index.wxml 两个文件。

7.2.3 程序细化

首先修改 app.json，设置标题，代码如下所示：

```
{
  "pages":[
    "pages/index/index",
    "pages/logs/logs"
  ],
  "window":{
    "backgroundTextStyle":"light",
    "navigationBarBackgroundColor": "#fff",
    "navigationBarTitleText": " 视频应用演示 ",
    "navigationBarTextStyle":"black"
  }
}
```

然后定义 index 界面：

```
<!--index.wxml-->
<view class="container">
<view class="section tc">
  <video src="{{src}}"></video>
  <view class="btn-area">
    <button bindtap="bindButtonTap"> 播放视频 </button>
  </view>
</view>
<view class="section tc">
  <video src="{{src1}}"></video>
  <view class="btn-area">
    <button bindtap="bindButtonTap1"> 上传播放视频 </button>
  </view>
</view>
</view>
```

这里我们定义了两个 video 组件作为播放器，一个用来播放本地视频；另一个用来上传后播放网络视频。分别绑定了两个方法：bindButtonTap 和 bindButtonTap1，这些方法将在 index.js 里实现。

最终的界面如图 7-13 所示。

让我们来实现这两个功能吧，在 index.js 文件中，Page() 方法中定义了 src 和 src1 两个参数来保存视频的源路径：

图 7-13 视频点播应用的示例视图

```
Page({

  data: {
    src: '',
    src1: ''
  },
  bindButtonTap: function() {
    var that = this
    wx.chooseVideo({
      sourceType: ['album', 'camera'],
      maxDuration: 60,
      camera: ['front','back'],
      success: function(res) {
        console.log(res)
        that.setData({
          src: res.tempFilePaths
        })
      }
    })
  },
```

bindButtonTap 方法调用 wx.chooseVideo，打开本地相册，选择视频文件后，将对应的路径设置到 src 中，点击播放器的播放按钮就可以了，如图 7-14 所示。

图 7-14　视频点播小程序选择本地视频文件功能界面

第二个功能——上传播放视频，实现要复杂一些，代码如下：

```
bindButtonTap1: function() {
  var that = this
  wx.chooseVideo({
    sourceType: ['album', 'camera'],
    maxDuration: 60,
    camera: ['front','back'],
    success: function(res) {
      var tempFilePaths = res.tempFilePaths
      console.log(tempFilePaths[0])
      wx.uploadFile({
        url: 'http://www.apayado.com/upload.php',
        filePath: tempFilePaths[0],
        name: 'file',
        success: function(res){
          console.log(res)
          that.setData({
            src1: res
          })
        }
```

```
    })
  }
 })
},
videoErrorCallback: function(e) {
  console.log(' 视频错误信息 :')
  console.log(e.detail.errMsg)
}
```

当然，我们还是先通过 wx.chooseVideo 选择要上传的视频，然后再调用 wx.uploadFile 上传视频到远端服务器，进行编码转换和存储分发。也可以选择类似腾讯或者阿里云的流媒体服务，这里用的是笔者自己的服务器。

上传处理完毕后，如果没有出错，小程序将获得远程视频的 URL，并设置到 src1 中，点击"播放"按纽，就可以看到播放效果了。

同样，音频也可以通过类似的方法来实现，更多的创意会产生在后端的语音语义分析上，比如通过录音说一段话，上传到云端分析，再返回一段语音给你，就像 siri 一样的语音小秘书。

7.3　互动——高冷机器人

本案例主要是想展示 WebSocket 的用法，更多的改进可以在服务端去实现。

7.3.1　功能详解

本案例实现的是一个名为"高冷"的 ECHO 机器人，你输入给它的任何信息，都会被原封不动的退回来，如图 7-15 所示。

7.3.2　程序目录结构

案例程序目录构如图 7-16 所示

使用默认目录结构就可以满足，功能我们将在 index.js 中实现。

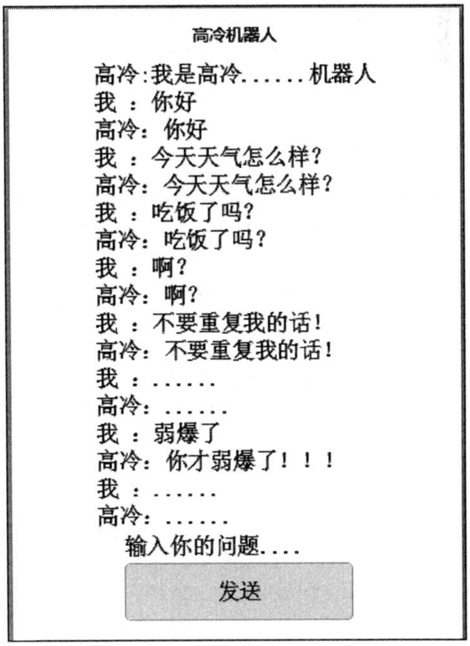

图 7-15　高冷机器人小程序运行界面示例

7.3.3　程序细化

服务器端采用高性能、异步事件驱动的 NIO 框架 Netty 来实现，部分代码如下：

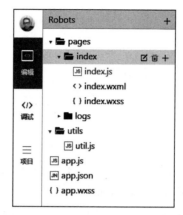

图 7-16　高冷机器人的目录结构

```
/***RobotsServer 实现***/
import java.net.InetSocketAddress;
import java.util.concurrent.Executors;

import org.jboss.netty.bootstrap.ServerBootstrap;
import org.jboss.netty.channel.ChannelFactory;
import org.jboss.netty.channel.ChannelPipeline;
import org.jboss.netty.channel.ChannelPipelineFactory;
import org.jboss.netty.channel.Channels;
import org.jboss.netty.channel.socket.nio.NioServerSocketChannelFactory;

public class RobotsServer {
  public static void main(String[] args){
    ChannelFactory factory = new NioServerSocketChannelFactory(Executors.
      newCachedThreadPool(),Executors.newCachedThreadPool());
    ServerBootstrap bootstrap = new ServerBootstrap(factory);
      bootstrap.setPipelineFactory(new ChannelPipelineFactory() {
        public ChannelPipeline getPipeline() throws Exception {
          // 机器人进行语义分析，然后返回给客户
          return Channels.pipeline(new RobotsServerHandler());
        }
      });
      bootstrap.setOption("child.tcpNoDelay",true);
      bootstrap.setOption("child.keepAlive",true);
    bootstrap.bind(new InetSocketAddress(8080));
  }
}


/***RobotsServerHandler 实现***/
import org.jboss.netty.channel.Channel;
import org.jboss.netty.channel.ChannelHandlerContext;
```

```java
import org.jboss.netty.channel.ExceptionEvent;
import org.jboss.netty.channel.MessageEvent;
import org.jboss.netty.channel.SimpleChannelHandler;

public class RobotsServerHandler extends SimpleChannelHandler {

  @Override
  public void messageReceived(ChannelHandlerContext ctx,MessageEvent e) throws
    Exception {
    Channel channel = e.getChannel();
    Object retMessage = messageHandler(e.getMessage());
    channel.write(retMessage);
  }

  @Override
  public void exceptionCaught(ChannelHandlerContext ctx,MessageEvent e) throws
    Exception {
    e.getCause().printStackTrace();
    e.getChannel().close();
  }
  private Object messageHandler(Object message){
    // 可以进行一些自然语义分析，然后加上搜索，快速告诉客户你的答案
    // 在这里我们只是简单返回，相当于 ECHO 的作用
    return message;
  }
}
```

Index.wxml 前端页面如下：

```html
<!--index.wxml-->
<view class="container">
<view class="btn-area">
  <view class="body-view">
    <text>{{text}}</text>
  </view>
</view>
</view>

<form bindsubmit="formBindsubmit" bindreset="formReset">
<view class="section">
  <input name="q" placeholder=" 输入你的问题 ...." value="{{tt}}"/>
  <button formType="submit"> 发送 </button>
</view>
</form>
</view>
```

高冷机器人首次运行界面如图 7-17 所示。

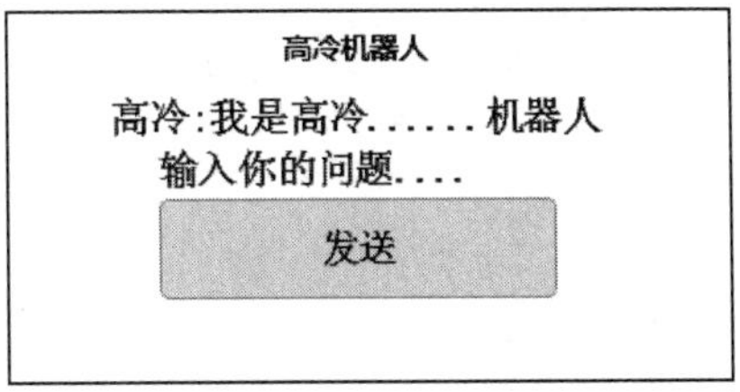

在输入框里输入你要提问的内容，然后顶部的 view 将会显示你的提问和机器人返回的内容。

图 7-17　高冷机器人小程序首次运行界面

Index.js: 逻辑实现如下：

```
// 事件处理函数
formBindsubmit: function(e) {
  extraLine.push("我   : "+e.detail.value.q)
  console.log(e.detail)
  this.setData({
    text: initData + '\n' + extraLine.join('\n'),
    tt: ''
  })
},

wx.connectSocket({
    url: 'ws://www.apayado.com/RobotsServer',
    data:{
    },
    header:{
      'content-type': 'application/json'
    },
    method:"GET"
  }),

  wx.onSocketOpen(function(res) {
    socketOpen = true
  }),
```

打开 websocket 如下：

```
function sendSocketMessage(msg) {
  if (socketOpen) {
    wx.sendSocketMessage({
      data:msg
    })
  } else {
    console.log("还没有连接，不能发送："+msg)
  }
},
```

发送 msg 信息给服务器：

```
wx.onSocketMessage(function(res) {
  console.log('收到服务器内容: ' + res.data)
  extraLine.push("高冷: " + res.data)
  this.setData({
    text: initData + '\n' + extraLine.join('\n'),
    tt: ''
  })
})
```

在收到内容后，push 到数组中保存 extraLine 数组在 index.js 头部定义：

```
var extraLine = [];
var socketOpen = false;
Page({
  data: {
    text: initData,
    tt: ''
  },
```

这个例子展示了如何使用 WebSocket 进行客户端和服务器间的通信，小程序在有了 WebSocket 之后，意味着可以自己实现 TCP/UDP 短连接、长连接，完成聊天、IM、股票、交易等实时交互的通信应用，甚至可以用于物联网等领域，非常灵活强大，发挥空间巨大。

7.4　LBS 应用——周边信息点

小程序框架提供了地图相关的 API 调用，下面我们就写了一个地图的 Demo，希望能给大家带来一些有价值的参考。

7.4.1　功能详解

本案例开发完成 2 个功能，第一个功能是，查询当前所在位置的经纬度，然后打开腾讯地图，显示当前位置和地址，界面如图 7-18 所示。

第二个功能是，进一步根据当前地图位置，再查询周边的信息点，界面如图 7-19 所示。

7.4.2　程序结构

首先我们创建一个新的小程序，项目名就叫 maps，如图 7-20 所示。

点击"添加项目"后，就会生成小程序默认的目录结构。我们下面会在底部添加一个 tabBar，有 2 个入口。一个是"当前位置"，点击将会打开默认 index 页，在这个页面我们会完成第一个功能：显示地图。另外一个我们叫"地图周边"，点击会搜索当前位置地图上周边的信息点，并显示出来。

最终的小程序目录结构如图 7-21 所示。

app.js 是主程序的入口，就不用多介绍了，其他的文件在下一节会进一步描述。

util 下的 util.js 是主要的逻辑实现文件，从后台获取数据和当前经纬度信息。

image 目录我们使用到了小程序 demo 里的小图片，用来在 tabBar 上切换高亮和灰色的 icon。

图 7-18　周边信息点小程序界面视图之一

图 7-19　周边信息点小程序界面视图之一

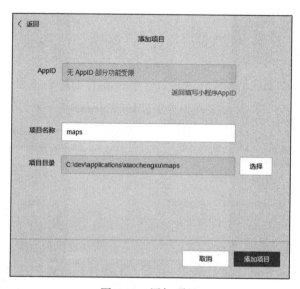

图 7-20　添加项目

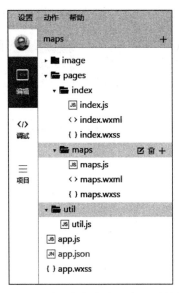

图 7-21 周边信息点小程序目录结构

pages 目录下有个两个页面，一个是 index，我们的主页；另一个是 maps，分别用来实现我们上面提到的 2 个功能。maps 因为默认是没有的，所以要先创建，也可以从 index 复制一份过来改名称和内容。单独创建的方式如下：

1）鼠标移到 pages 目录上就会弹出 3 个小 icon，如下所示。第一个是重命名，第二个是删除，第三个可以生成目录和文件。

2）相应出现选项菜单，如图 7-22 所示。

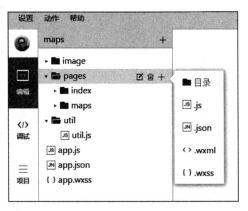

图 7-22 项目目录与文件

3）选择目录，然后在弹窗中输入 maps，确定后就生成对应的目录了，如图 7-23 所示。

4）生成文件，选择 maps 目录，点"＋"号，选".js"，在弹窗中输入 maps（不用输后缀），确定即可。

同理，创建其他类型的文件 json、wxml、wxss，操作和上面是一样的。

图 7-23　输入新建目录名称

7.4.3　程序细化

介绍完结构和文件创建后，接下来可以开始写代码啦。不过在写具体的代码之前，先设置整个应用的配置。

修改根目录下的 app.json，见程序清单 7-1。

程序清单 7-1　项目全局配置 app.json

```
// app.json
{
  "pages":[
    "pages/index/index",
    "pages/maps/maps"
  ],
  "window":{
    "backgroundTextStyle":"light",
    "navigationBarBackgroundColor": "#fff",
    "navigationBarTitleText": "LBS 应用演示 ",
    "navigationBarTextStyle":"black"
  },
  "tabBar": {
    "color": "#dddddd",
    "selectedColor": "#3cc51f",
    "borderStyle": "black",
    "backgroundColor": "#ffffff",
    "list": [{
      "pagePath": "pages/index/index",
      "iconPath": "image/icon_component.png",
      "selectedIconPath": "image/icon_component_HL.png",
      "text": " 当前位置 "
    }, {
      "pagePath": "pages/maps/maps",
      "iconPath": "image/wechat.png",
      "selectedIconPath": "image/wechatHL.png",
      "text": " 地图周边 "
    }]
```

```
  },
  "debug": true
}
```

首先在 pages 里加多一个页面：pages/maps/maps

修改导航条的标题：LBS 应用演示。

新增 tabBar 项，主要是给 list 新增 2 个入口，分别对应 pages 的 2 个页面，这里要着重说明的是，list 的第一项一定要和 pages 里的第一条匹配的，就上面的例子来说，pages 里的第一项是 index，tabBar 里 list 的第一项也必须是 index。

然后我们修改首页 index 的布局和样式，适应我们地图的要求。

打开 index.wxml，简单修改成以下这个样子：

```
<!--index.wxml-->
<view class="container">
  <view class="top">
    <view>打开地图，显示当前位置</view>
  </view>
</view>
```

然后我们找了一张背景图 bg.jpg，放到 image 下；修改 app.wsxx，设为背景。代码片段如下：

```
/**app.wxss**/
.container {
  height: 100%;
  display: flex;
  flex-direction: column;
  box-sizing: border-box;
  background-image: url(image/bg.jpg);
  background-size: 100%;
  padding: 20rpx;
}
```

修改完之后，保存，编译，然后就能看到一些效果了，如图 7-24 所示。

可以看到顶部的标题，还有下面的 tabBar，背景图以及显示的文字都已经是设置好的了。

接下来就是真正编写代码的时候了。我们所有的逻辑实现都会放在 util 目录的 util.js 文件中，通过暴露这些方法，让每个页面 include 这个 util.js，就可以使用这些定义好的方法。

图 7-24　修改后的界面之一

说做就做，我们在 util 里定义了一个叫 getLocationAndOpenMap 的方法，并在 index. js 里引进并调用。代码如下：

```
// index.js
// 获取应用实例

var util = require('../../util/util.js')

Page({

  onShow: function () {
    util.getLocationAndOpenMap();
  }

})
```

简单的 require util.js 文件，因为我们想在页面打开的时候来显示地图的当前位置，所以我们在 page 的 onShow 时间中调用 getLocationAndOpenMap 方法。然后在 util 里添加这个方法。util.js 中的代码片段如下：

```
function getLocationAndOpenMap( callback ) {

  wx.getLocation( {
    type: 'gcj02', // 返回可以用于 wx.openLocation 的经纬度
    success: function( res ) {
      var latitude = res.latitude
      var longitude = res.longitude
      console.log(res)
    }
  })
}
```

方法会调用 wx.getLocation 获取经纬度信息，type 这里我们使用 gcj02，返回可以用于 wx.openLocation 的经纬度，默认值为 wgs84 是返回 gps 坐标。success 方法处理返回的经纬度信息，我们这里先用 console.log 输出来检验结果，保存编译，自动运行。如图 7-25 所示。

然后在开发者工具右边的调试窗找到 Console 视图，我们能清晰地看到 onShow 和我们的方法被成功的调用，并显示了经纬度的信息。

第一步正确获取经纬度完成后，我们还要打开地图，所以继续来完善这个方法：

```
function getLocationAndOpenMap( callback ) {

  wx.getLocation( {
    ype: 'gcj02', // 返回可以用于 wx.openLocation 的经纬度
    success: function( res ) {
```

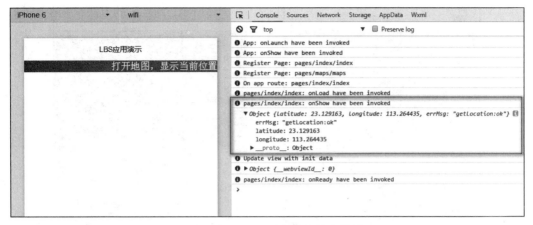

图 7-25　Console 页中检验输出结果

```
    var latitude = res.latitude
    var longitude = res.longitude
    console.log(res)
    wx.openLocation( {
      latitude: latitude,
      longitude: longitude,
      scale: 28
    })
  }
})
}
```

在获得 latitude（纬度）和 longitude（经度）后，传入 wx.openLocation，就可以打开腾讯地图，并定位在这个经纬度上，显示你所在的位置和地址啦，如图 7-26 所示。

到这里虽然相对简单，但相信大家已经有些成就感了。

接下来就要实现我们的第二个功能点——获取周边信息点。这个功能实现会复杂一点，我们会在 maps 里实现。

先来看看我们想要的页面效果是怎么样的，如图 7-27 所示。

上半部是显示当前地址和该地址的 10 个周边信息点，第一条是当前地址。

下半部，我们用到了地图组件来显示地图，见程序代码 maps.wxml：

```
<!--maps.wxml-->
<view class="container">

  <view class="top">
    <view>{{pois.address}}</view>
    <!--<view> 东经: {{pois.location.lng}}, 北纬: {{pois.location.lat}}</view>-->
    <view wx:for="{{[0,1,2,3,4,5,6,7,8,9]}}" wx:for-item="i">
```

图 7-26　显示地址位置界面

图 7-27　想要的页面效果

```
      <view>{{pois.pois[i].title}}({{{pois.pois[i].category}}})</view>
    </view>
  </view>

  <map longitude="{{longitude}}" latitude="{{latitude}}" style="width:
  375px; height: 320px;"></map>

</view>
```

Pois 是后端返回的 json 数据，先了解一些就好，具体格式稍后会解释，这里我们还用到了 view 标签的 for 语句来渲染获取的 10 条周边信息点数据。

我们接下来在 maps.js 里定义一个叫 pois 的数据，供页面展示使用，latitude、longitude 只是给地图个默认值。然后在 onLoad 事件中加载我们的方法 getLocationPois 获取周边信息点，然后使用回调函数，通过 setData 方法给 pois 赋值并渲染页面。

程序代码：maps.js 如下：

```
// maps.js
// 获取应用实例
```

```
var util = require('../../util/util.js')

Page({

  data: {
    pois: {},
    latitude:"39.13824",
    longitude:"116.33535"
  },

  onLoad: function () {
    var that = this;
    util.getLocationPois(function(data){
      console.log(data);
      that.setData({
        pois: data,
        latitude:data.location.lat,
        longitude:data.location.lng
      });
    });

  }

})
```

下面我们来看看 getLocationPois 方法是怎么实现的，我们将这个方法放在 util.js 中：

```
function getLocationPois( callback ) {

  wx.getLocation( {
    type: 'gcj02', //返回可以用于 wx.openLocation 的经纬度
    success: function( res ) {
      var latitude = res.latitude
      var longitude = res.longitude
      getPoisByLocation( latitude, longitude, callback )
    }
  })

}
```

方法依然先调用 wx.getLocation 获取经纬度信息，成功后传给 getPoisByLocation 方法，而 getPoisByLocation 才是真正的去获取信息点信息，它有 3 个参数：纬度、经度、回调函数：

```
//获取某个坐标的地址和周边的 pois 信息
function getPoisByLocation( latitude, longitude, callback ) {

  //具体 json 返回格式可自行参考腾讯地图 API 接口文档
  var key = "OB4BZ-D4W3U-B7VVO-4PJWW-6TKDJ-WPB77";
```

```
var url = "https://apis.map.qq.com/ws/geocoder/v1/?location=" + latitude + ","
  + longitude + "?&key="+key+"&get_poi=1";
var defaultUrl = "http://www.apayado.com/pois.json?" + new Date().getTime();

wx.request( {
  url: Url,
  success: function( res ) {
    callback( res.data.result );
  },
  fail: function( res ) {
    getDefaultPoiData( defaultUrl, function( res ) {
      callback( res );
    });
  }

});

}
```

这里我们用到了腾讯地图的 API。其中 key 参数是开发者密钥，可自行替换，这里使用了官方的案例。通过 wx.request 发起请求获取数据。数据格式可以在调试窗的 AppData 视图下找到，如图 7-28 所示。

图 7-28   调试窗中的 AppData 视图

最后我们在 util.js 中 exports 暴露 getLocationPois 方法给 map.js 调用：

```
module.exports = {
  getLocation: getLocation,
  getLocationAndOpenMap: getLocationAndOpenMap,
  getLocationPois: getLocationPois
}
```

保存编译运行，点击 tabBar 的地图周边，这样就看到我们之前的界面啦。

" 小程序 " 的开发者现在不需要再集成其他公司地图复杂的 native SDK 了，只需配合腾讯本身的地图，利用目前接口提供的有获取位置和查看位置 2 个 API，就可以轻松实现啦。虽然还不太完善，但相信接下来 API 会不断升级，能逐步满足 LBS 需求的。毕竟目前基于位置的 App 太多了，它们也有需求迁移到小程序上，而且基于 LBS 的应用，想象空间还是蛮大的。比如：基于 LBS 的大数据分析，投放广告到朋友圈，点击直接启动小程序，提升用户转化率，这个模式还是值得深入研究的。

7.5　WebSocket 高级应用——远程控制设备

7.5.1　应用场景

在计算机与投影仪组成的家庭影院中，通过微信小程序来远程控制投影屏幕。

7.5.2　开发实现

1. WebSocket 服务器搭建

本案例 WebSocket 服务器是基于 Windows 操作系统下 Node.js 来完成部署的，首先需要搭建一个 Node.js 环境。

（1）安装 Node.js

直接从 Node.js 官网 https://nodejs.org/en/ 下载，然后安装即可。

检测是否安装成功可以通过命令行工具运行以下命令：

```
node -v
```

如果能够显示版本号，说明安装成功，接着我们来安装 WebSocket 模块。

（2）安装 WebSocket 模块

Node.js 安装成功后，其默认就安装好了 Node.js 包管理工具 npm，通过使用 npm 命令，可以方便安装 / 卸载 / 更新 Node.js 包。

注意 在某些公司内网络，使用 npm 可能需要设置一下代理，代理的设置方式同样是通过命令行工具来运行相应的命令，具体如下：

```
npm config set proxy=http://proxyserver:8080
```

设置完毕之后，我们来安装 WebSocket 模块，运行以下命令：

```
npm install ws
```

就可以完成 WebSocket 服务模块的安装。

（3）启动 WebSocket 服务器

WebSocket 模块安装完毕后，我们通过几行代码来启动 WebSocket 服务器。将下面代码保存为 app.js，存放于当前目录：

```javascript
// app.js
var conns = {};

var wss = require('ws').Server;

var server = new wss({
  host: "127.0.0.1",
  port: 9999
});

server.on('connection', function(ws) {

  ws.on('message', function(message) {
    console.log(message);

    var msg = JSON.parse(message);

    // 记录客户端信息
    if (msg.id) {
      conns[msg.id] = msg['info'];
      conns[msg.id]['conn'] = ws;
      console.log(conns[msg.id]['name'] + ' - 已连接 ');
    }

    // 服务器向特定的客户端发送消息
    if (msg.fromId && msg.toId && msg.data) {
      var temp = {
        'name': conns[msg.fromId]['name'],
        'msg': msg.data
      }
      conns[msg.toId]['conn'].send(JSON.stringify(temp));
```

```
    }

  });

});
console.log('WebSocket server runing...');
```

在命令行工具运行以下命令来启动 WebSocket 服务器：

```
node app.js
```

至此，我们小程序实现所需的 WebSocket 服务器已经启动完毕。接下来就是要实现客户端（我的电脑 & 微信小程序）与服务器端建立起连接，并进行客户端和服务器端之间的数据交互。

2. 客户端 "我的电脑" 和服务器端建立连接

客户端 "我的电脑" 将通过下面的代码来和服务器端建立 WebSocket 连接：

```
// 创建 WebSocket 连接
var ws = new WebSocket("ws://127.0.0.1:9999/");

// 监听 WebSocket 连接打开
ws.onopen = function() {
  console.log("Opened");
  var obj = {
    id: 1,
    info: {
      name: '我的电脑'
    }
  };

  // 向服务器端发送客户端信息
  ws.send(JSON.stringify(obj));
};

// 监听从服务器发送过来的消息
ws.onmessage = function(res) {
  var temp = JSON.parse(res.data);
  // 收到不同的消息做不同的处理
  if (temp.msg == $('.metro li').length) {
    $('.close').click();
  } else {
    $('.metro li:eq(' + temp.msg + ')').click();
  }
  console.log(' 收到 [' + temp.name + '] 发来的消息: ' + temp.msg);
};
```

```
// 监听 WebSocket 关闭
ws.onclose = function() {
  console.log("Closed");
};

// 监听 WebSocket 错误
ws.onerror = function(err) {
  console.log("Error: ");
  console.log(err);
};
```

运行客户端"我的电脑"，我们可以看到
WebSocket 连接创建成功，已连接，如图 7-29
所示。

图 7-29　WebSocket 连接创建成功

3. 客户端"微信小程序"和服务器端建立连接

客户端"微信小程序"通过下面简单的代码来和服务器端建立 WebSocket 连接：

```
var that = this;

// 创建 WebSocket 连接
wx.connectSocket({
  url: 'ws://127.0.0.1:9999/'
});

// 监听 WebSocket 连接打开
wx.onSocketOpen(function(res) {
  console.log("Opened");
  var obj = {
    id: 2,
    info: {
      name: '微信小程序'
    }
  };

  // 向服务器端发送客户端信息
  wx.sendSocketMessage({
    data: JSON.stringify(obj)
  });

  // 绑定页面按钮点击事件
  that.remoteCtrl = function(e) {
    // 向服务器端发送对应的按钮数据
    wx.sendSocketMessage({
      data: JSON.stringify({
        fromId: 2,
        toId: 1,
```

```
        data: e.currentTarget.id
      })
    });
  };

});

// 监听从服务器发送过来的消息
wx.onSocketMessage(function(res) {
  var temp = JSON.parse(res.data);
  console.log(' 收到 [' + temp.name + '] 发来的消息: ' + temp.msg);
});

// 监听 WebSocket 关闭
wx.onSocketClose(function(res) {
  console.log("Closed");
});

// 监听 WebSocket 错误
wx.onSocketError(function(res) {
  console.log("Error: ");
  console.log(err);
});
```

运行客户端"微信小程序"，我们可以看到 WebSocket 连接创建成功，已连接。

4．客户端"我的电脑"和"微信小程序"之间的通信

通过上面的第 2、3 步，我们已经将客户端和服务器之间的连接建立起来，下面我们就可以让"我的电脑"和"微信小程序"这两个客户端之间进行相互通信，从而实现"微信小程序"远程控制"我的电脑"的目的。

7.5.3　案例总结

从以上实现的案例，我们可以想象很多远程控制的应用场景。另外，基于 WebSocket 的特性，还可以做聊天室、在线游戏、实时弹幕等功能。可见，WebSocket 虽不是新技术，但它结合微信小程序这个新产品，未来将诞生出更多线上线下的应用场景，值得大家关注。

7.6　扫码应用——微投票

本案将详细讲解实现微投票这个小程序应用的完整过程。

7.6.1 功能详解

麻雀虽小，五脏俱全，本案例有 5 大功能：

- 创建新的微投票主题。
- 我的微投票主题。
- 投票功能（分享、生成二维码）。
- 扫码参与投票。
- 查询微投票结果。

微投票首页界面如图 7-30 所示。

7.6.2 程序结构

案例程序目录结构如图 7-31 所示。

图 7-30　微投票首页界面

图 7-31　微投票的目录结构

其中 index 是首页，createvote 是创建微投票主题和选项的页面，myvote 是我创建过的微投票主题，voteitem 是投票页面（含分享、二维码功能），voteresult 是微投票结果页。

7.6.3 程序细化

1. 主界面实现

首先修改 app.json，设置页面构与与应用标题：

```
{
  "pages":[
    "pages/index/index",
    "pages/logs/logs",
    "pages/createvote/createvote",
    "pages/myvote/myvote",
```

```
    "pages/voteitem/voteitem",
    "pages/voteresult/voteresult"
  ],
  "window":{
    "backgroundTextStyle":"light",
    "navigationBarBackgroundColor": "#fff",
    "navigationBarTitleText": " 微投票 ",
    "navigationBarTextStyle":"black"
  }
}
```

然后是构建 index 界面：

```
<!--index.wxml-->
<view class="container">
    <view bindtap="bindViewTap" class="userinfo">
    <image class="userinfo-avatar" src="{{userInfo.avatarUrl}}" background-
      size="cover"></image>
    <text class="userinfo-nickname">{{userInfo.nickName}}</text>
  </view>
  <view class="apptitle">
    <text class="app-avatar"> 欢迎使用 {{appname}}</text>
  </view>
  <view class="btn-avatar">
  <button type="primary" size="{{primarySize}}" loading="{{loading}}" plain=
    "{{plain}}"
      disabled="{{disabled}}" bindtap="attendvote"> {{functionbtn1}} </button>
  </view>
  <view class="btn-avatar">
  <button type="warn" size="{{warnSize}}" loading="{{loading}}" plain=
    "{{plain}}"
      disabled="{{disabled}}" bindtap="myvote"> {{functionbtn3}} </button>
  </view>
  <view class="btn-avatar">
  <button type="warn" size="{{warnSize}}" loading="{{loading}}" plain=
    "{{plain}}"
      disabled="{{disabled}}" bindtap="createvote"> {{functionbtn2}} </button>
  </view>
  <view class="usermotto">
    <text class="user-motto">{{motto}}</text>
  </view>
</view>
```

这里我们定义了三个 button 组件作为微投票的功能菜单，一个是扫描二维码图片，然后跳转到对应的微投票主题上。第二个用来查看用户已创建过的微投票主题。第三个 button 用来创建一个新的微投票主题。分别绑定了三个方法，attendvote、myvote 和 createvote，这些方法将在 index.js 里实现。

先看看 index.js 里定义的变量：

```
// index.js
// 获取应用实例
var app = getApp()

Page({
  data: {
    motto: '(c)Copyright 2017',
    userInfo: {},
    defaultSize: 'default',
    primarySize: 'default',
    warnSize: 'default',
    disabled: false,
    plain: false,
    loading: false,
    appname: '微投票',
    functionbtn1: '扫码参与投票',
    functionbtn2: '创建我的投票',
    functionbtn3: '我的投票主题',
  },
```

而三个 button 绑定的方法代码如下：

```
attendvote: function () {
  wx.scanCode({
    success: function (res) {
      console.log (res)
    },
    fail: function () {
      // fail
    },
    complete: function () {
      // complete
    }
  })
},
createvote: function () {
  wx.navigateTo({
    url: '../createvote/createvote'
  })
},
myvote: function () {
  wx.navigateTo({
    url: '../myvote/myvote'
  })
},
```

扫码 button 调用 wx.scanCode 方法然后跳转到 path 上，其他两个 button 分别调用对应的页面。

2. 实现"创建我的投票"功能

先看"创建我的投票"的界面，如图 7-32 所示。

图 7-32 微投票创建投票界面

针对微投票，我们设置了 3 个属性，一个是投票类型，说明微投票是单选，还是可以多选；一个是投票标题；第三个是投票选项。其中投票选项我们把它设计成可以变化的多个选项，只需要简单的点击"添加选项"按钮即可。

我们看看页面代码（createvote.wxml）的实现，其中投票类型和标题部分如下：

```
<view class="flex-wrp" style="flex-direction: row;">
    <view> 类型: </view>
    <view>
      <radio-group name="votetype">
        <label class="radio">
          <radio value="1" checked /> 单选 </label>
        <label class="radio">
          <radio value="0" /> 多选 </label>
      </radio-group>
    </view>
</view>
<view class="flex-wrp" style="flex-direction: row;">
    <view> 标题: </view>
    <view>
      <input name="votetitle" maxlength="40" placeholder-style="font-
        size:12px" placeholder=" 请输入投票的主题 " auto-focus/>
    </view>
</view>
```

投票的选项部分页面代码如下：

```
<view class="flex-wrp" style="flex-direction: row;">
    <view> 选项 1: </view>
```

```
    <view>
      <input name="voteopt1" maxlength="16" placeholder-style="font-
        size:12px" placeholder="点击输入（不超过16个字）" />
    </view>
  </view>
  <view class="flex-wrp" style="flex-direction: row;">
    <view>选项2: </view>
    <view>
      <input name="voteopt2" maxlength="16" placeholder-style="font-
        size:12px" placeholder="点击输入（不超过16个字）" />
    </view>
  </view>
  <block wx:if="{{op3condition}}">
    <view class="flex-wrp" style="flex-direction: row;">
      <view>选项3: </view>
      <view>
        <input name="voteopt3" maxlength="16" placeholder-style="font-
          size:12px" placeholder="点击输入（不超过16个字）" />
      </view>
      <block wx:if="{{bt3condition}}">
        <view id="v3v">
          <button size="mini" data-id="3" bindtap="delOption">-</button>
        </view>
      </block>
    </view>
  </block>
```

从业务上看，我们的微投票至少要有 2 个选项，最多可以有 16 个选项，所以我们直接固定前 2 个 name 分别为 voteopt1 和 voteopt2 的 input 选项，而从第三个开始到第十六个就不一样了，我们用 block <block wx:if="{{op3condition}}"> 把整个选项的 view 包裹起来，并通过 op3condition 这个变量开关来控制 block 是否显示，实现选项的动态显示和隐藏，达到自定义选项数量的目的。

添加选项的 button 我们绑定了一个叫 addOption 方法，将会在 createvote.js 里实现：

```
<button bindtap="addOption" size="1">+ 添加选项</button>
```

而整个页面，我们用一个 form 的组件包裹，然后通过 submit 来提交到 createvote.js 的 formSubmit 方法上：

```
<form bindsubmit="formSubmit" bindreset="formReset">
  <view class="btn-area">
    <button formType="submit">创建微投票主题</button>
  </view>
</form>
```

然后，我们要看看点击"添加选项"后发生的变化，见图 7-33。

　　点击后发现多了个选项 3，而且后边还多了个"－"号，这个减号是我们拿来删除对应某个选项的操作。再点一次"添加选项"，如图 7-34 所示。

图 7-33　按"添加选项"按钮后的界面

图 7-34　再按"添加选项"按钮后的界面

　　可以看到，选项 4 已经成功添加，但同时选项 3 的"－"减号已经消失，实现代码如下：

```
addOption: function (e) {
  var changed = {}
  if (j < 16) {
    changed['bt' + j + 'condition'] = false
    j++
  }
  if (j <= 16) {
    changed['op' + j + 'condition'] = true
    changed['bt' + j + 'condition'] = true
    this.setData(changed)
    console.log(j)
  }
},
```

　　这里就是通过控制对应选项的 block 上定义的变量 op4condition，变更成 true 来显示，同时把上个选项的"－"减号的变量 bt3condition 变成 false 来隐藏。同理，点击"－"减号，也可以把本选项隐藏掉，同时把上个选项的"－"减号显示，代码如下：

```
delOption: function (e) {
  var changed = {}
  if (j >= 3) {
    changed['op' + j + 'condition'] = false
    j--
    changed['op' + j + 'condition'] = true
    changed['bt' + j + 'condition'] = true
    console.log(j)
```

```
      this.setData(changed)
    }
  },
```

j 是页面变量，用来控制对应的选项。点击 "-" 减号后就又变成图 7-33 的界面。

我们选择好类型、填好标题、选项内容后，点击 "创建微投票主题" 按钮，就可以点击生成我们的微投票主题，实际上就是执行表单提交，实现代码如下：

```
formSubmit: function (e) {
  var postdata = e.detail.value
  wx.request({
    url: 'https://test1.yinchengpai.com/vote/add',
    data: postdata,
    header: {
      'content-type': 'application/x-www-form-urlencoded'
    },
    method: 'POST',
    success: function (res) {
      wx.showModal({
        title: '提示',
        content: res.data.message,
        showCancel: false,
        success: function (resSM) {
          if (resSM.confirm) {
            if (res.data.code == 1) { // 成功
              wx.navigateTo({
                url: '../myvote/myvote?openid='+this.openid
              })
            } else {// 失败
              console.log(res.data)
            }
          }
        }
      })
      console.log(res.data)
    }
  })
  console.log('form发生了submit事件，携带数据为: ', postdata)
},
```

这里我们的 form 会调用 formSubmit 方法，并通过 POST 提交数据到远程服务器上，如果成功返回，就会弹出弹窗提示相关信息，之后跳转到 "我的投票列表" 页面上。关于服务器代码和数据库结构，在后面的部分会介绍到。

3. 实现 "我的投票主题" 功能

我们先看我的投票主题界面，如图 7-35 所示。

图 7-35　"我的投票主题"界面

通过这个界面可以查看我曾经创建的微投票，并且可以通过这个界面去到微投票页和微投票的结果页。这个页面在 myvote 目录下，页面 myvote.wxml 代码如下：

```
<!--pages/myvote/myvote.wxml-->
<view wx:for="{{votes}}" wx:key="unique" class="flex-wrp" style="flex-
  direction: row;">
  <view class="flex-wrp" style="flex-direction: row;">
    <view style="height: 15px;flex-direction:row;"></view>
  </view>
  <view class="flex-wrp" style="flex-direction: row;">
    {{index+1}}:{{item.title}}
  </view>
  <view class="flex-wrp" style="flex-direction: row;">
    <view style="height: 15px;flex-direction:row;"></view>
  </view>
  <view class="flex-wrp" style="flex-direction: row;">
    <button size="mini" data-id="{{item.id}}" bindtap="voteItem">投票 </button>
    <button size="mini" data-id="{{item.id}}" bindtap="voteResult">结果 </button>
  </view>
</view>
```

主要是通过 onLoad 方法加载数据，代码如下：

```
// 页面初始化 options 为页面跳转所带来的参数
onLoad: function () {
  var that = this
  // 调用应用实例的方法获取全局数据
  app.getUserInfo(function (userInfo) {
    // 更新数据
    that.setData({
      userInfo: userInfo
    })
  })

  wx.request({
    url: 'https://test1.yinchengpai.com/vote/list',
```

```
  data: {
    openid: openid,
  },
  header: {
    'content-type': 'application/json'
  },
  method: 'GET',
  success: function (res) {
    that.setData({
      votes: res.data.data.votes
    })
    console.log(res.data.data.votes)
  }
})
},
```

通过将按钮绑定在不同的方法上打开不同的页面，如 voteItem 方法去到该微投票主题的投票页面：

```
voteItem: function (e) {
  wx.navigateTo({
    url: '../voteitem/voteitem?id='+e.currentTarget.dataset.id
  })
},
```

通过 voteResult 方法则去到该微投票主题的结果页面：

```
voteResult: function (e) {
  wx.navigateTo({
    url: '../voteresult/voteresult?id='+e.currentTarget.dataset.id
  })
},
```

4. 实现主题投票功能

在 "我的投票主题" 里点击 "投票" 或者通过相应的扫码及分享，将去到微投票真正的投票页（voteitem.wxml），界面如图 7-36 所示。

图 7-36　投票功能界面

页面代码如下:

```
<!--pages/voteitem/voteitem.wxml-->
<form bindsubmit="formSubmit" bindreset="formReset">
  <input name="unionid" value="{{userInfo.unionId}}" hidden />
  <input name="openid" value="{{openid}}" hidden />
  <input name="voteid" value="{{voteid}}" hidden />
  <input name="voteType" value="{{voteType}}" hidden />
  <view class="section section_gap">
    <view class="flex-wrp" style="flex-direction: row;" class="br">
    </view>
    <view class="flex-wrp" style="flex-direction: row;">
      <view>标题: {{title}} (
        <block wx:if="{{voteType==1}}">单选</block>
        <block wx:if="{{voteType==0}}">多选</block>) </view>
    </view>
    <view class="flex-wrp" style="flex-direction: row;" class="br">
    </view>
    <block wx:if="{{voteType==1}}">
      <radio-group name="vote_item_id">
        <view wx:for="{{items}}" wx:key="unique" wx:for-item="item">
          <view class="flex-wrp" style="flex-direction: row;">
            <radio name="vote_item_id" value="{{item.id}}" />{{item.item}}
          </view>
        </view>
      </radio-group>
    </block>
    <block wx:if="{{voteType==0}}">
      <checkbox-group name="vote_item_id">
        <view wx:for="{{items}}" wx:key="unique" wx:for-item="item">
          <view class="flex-wrp" style="flex-direction: row;">
            <checkbox name="vote_item_id{{item.id}}" value="{{item.id}}" />
              {{item.item}}
          </view>
        </view>
      </checkbox-group>
    </block>
  </view>
  <view class="btn-area">
    <button formType="submit">投票</button>
  </view>
  <view class="btn-area">
    <button bindtap="genQrCode">生成二维码</button>
  </view>
  <view class="btn-area">
    <image style="width: 200px; height: 200px;" src="{{QRCode}}"></image>
  </view>
</form>
```

数据通过 onLoad 加载（voteitem.js）：

```
onLoad: function (options) {
  // 页面初始化 options 为页面跳转所带来的参数
  console.log(options);
  var that = this
  that.setData({ "voteid": options.id })

  wx.request({
    url: 'https://test1.yinchengpai.com/vote/detail',
    data: { voteid: options.id },
    method: 'GET', // OPTIONS, GET, HEAD, POST, PUT, DELETE, TRACE, CONNECT
    // header: {}, // 设置请求的 header
    success: function (res) {
      var changed = {}
      let v = res.data.data.vote;
      let vi = res.data.data.voteItems;
      changed['title'] = v.title
      changed['voteType'] = v.single_select
      changed['items'] = vi
      // console.log(vi)
      that.setData(changed)
    },
    fail: function () {
      // fail
    },
    complete: function () {
      // complete
    }
  })
},
```

选择选项后，点击"投票"，通过 form 提交：

```
formSubmit: function (e) {
  var postdata = e.detail.value
  wx.request({
    url: 'https://test1.yinchengpai.com/vote/vote',
    data: postdata,
    header: {
      'content-type': 'application/x-www-form-urlencoded'
    },
    method: 'POST',
    success: function (res) {
      wx.showModal({
        title: '提示',
        content: res.data.message,
        showCancel: false,
```

```
        success: function (resSM) {
          if (resSM.confirm) {
            if (res.data.code == 1) { //成功
              wx.navigateTo({
                url: '../voteresult/voteresult?id=' + postdata.voteid
              })
            } else {//失败
              wx.navigateTo({
                url: '../myvote/myvote?openid='+postdata.openid
              })
            }
          }
        }
      })
      console.log(res.data)
    }
  })
  console.log('form 发生了 submit 事件, 携带数据为: ', postdata)
},
```

执行成功返回后，根据返回的状态码，成功的话跳到为投票的结果页，失败的话返回微投票主题列表。如成功投票，界面如图 7-37 所示。

图 7-37　投票成功提示

这个页面上，我们还看到一个生成二维码的按钮（如图 7-36 所示），点击后将会在页面的下部生成一个二维码的图片，具体实现代码如下，必须先根据你应用的 appid 和 secret 获取 access_token，然后才能调用 API 去生成：

```
genQrCode: function () {
  var that = this;
  wx.request({
    url: 'https://api.weixin.qq.com/cgi-bin/token?grant_type=client_
      credential&appid=YourAppId&secret=YourSecretCode',
    data: {},
    method: 'GET', // OPTIONS, GET, HEAD, POST, PUT, DELETE, TRACE, CONNECT
    // header: {}, // 设置请求的 header
```

```
        success: function (res) {
          console.log(that.data.voteid)
          wx.request({
            url: 'https://api.weixin.qq.com/cgi-bin/wxaapp/createwxaqrcode',
            data: {
              access_token: res.data.access_token,
              path: '/page/voteitem/voteitem?id=' + that.data.voteid,
              width: 200
            },
            method: 'POST', // OPTIONS, GET, HEAD, POST, PUT, DELETE, TRACE, CONNECT
            // header: {}, // 设置请求的 header
            success: function (resQr) {
              let qr = resQr.data.url;
              that.setData({"QRCode":qr})
            },
            fail: function () {
              // fail
            },
            complete: function () {
              // complete
            }
          })
        },
        fail: function () {
          // fail
        },
        complete: function () {
          // complete
        }
      })
    }
```

我们同时在这个页面还实现了"分享"功能，点击图 7-36 所示界面右上角的"…"后会弹出菜单，如图 7-38 所示。

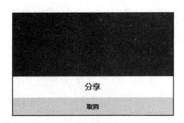

图 7-38　投票页面分享

此时我们再点击"分享"，就会弹出图 7-39 所示的界面。

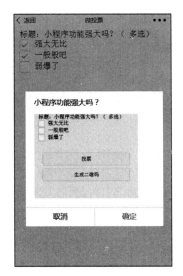

图 7-39　分享投票界面

这个实现过程不复杂，只要在需要分享的页面里添加一个方法，把对应页的路径填入 path 就可以了，但是要注意的是 path 要用 / 开头，如下所示：

```
onShareAppMessage: function () {
  return {
    title: this.data.title,
    path: '/page/voteitem/voteitem?id=' + this.data.voteid
  }
},
```

5. 实现微投票结果查看功能

我们同样先看看微投票结果页的界面，如图 7-40 所示。

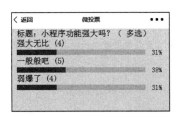

图 7-40　微投票结果页界面

页面代码（voteresult.wxml）实现如下，用 progress 组件来显示比例：

```
<!--pages/voteresult/voteresult.wxml-->
<form bindsubmit="formSubmit" bindreset="formReset">
```

```
<input name="unionid" value="{{userInfo.unionId}}" hidden />
<input name="openid" value="xxoo" hidden />
<input name="voteid" value="{{voteid}}" hidden />
<input name="voteType" value="{{voteType}}" hidden />
<view class="section section_gap">
  <view class="flex-wrp" style="flex-direction: row;" class="br">
  </view>
  <view class="flex-wrp" style="flex-direction: row;">
    <view>标题：{{title}} (
      <block wx:if="{{voteType==1}}">单选</block>
      <block wx:if="{{voteType==0}}">多选</block>) </view>
  </view>
  <view class="flex-wrp" style="flex-direction: row;" class="br">
  </view>
  <view wx:for="{{items}}" wx:key="unique" wx:for-item="item">
    <view class="flex-wrp" style="flex-direction: row;">
      {{item.item}} ({{item.counts}})
    </view>
    <view class="flex-wrp" style="flex-direction: row;">
      <progress percent="{{item.percents}}" stroke-width="12" show-info />
    </view>
  </view>
</view>
</form>
```

在 voteresult.js 中，我们在页面加载阶段把微投票的 id 提交到对应的服务器上，查询返回结果：

```
Page({
  data:{
    voteid: 0,
    voteType: 0,
    title: "",
    items: {},
  },
  onLoad:function(options){
    // 页面初始化 options 为页面跳转所带来的参数
    console.log(options);
    var that = this
    that.setData({ "voteid": options.id })

    wx.request({
      url: 'https://test1.yinchengpai.com/vote/result',
      data: { voteid: options.id },
      method: 'GET', // OPTIONS, GET, HEAD, POST, PUT, DELETE, TRACE, CONNECT
      // header: {}, // 设置请求的 header
      success: function (res) {
        var changed = {}
```

```
        let v = res.data.data.vote;
        let vi = res.data.data.results;
        changed['title'] = v.title
        changed['voteType'] = v.single_select
        changed['items'] = vi
        console.log(vi)
        that.setData(changed)
      },
      fail: function () {
        // fail
      },
      complete: function () {
        // complete
      }
    })
  },
```

6. 服务器端代码及数据库表结构

服务端控制层部分方法代码（采用了 jFinal 框架）如下。由于仅用于示例，很多逻辑和错误控制的代码就没有加上去，读者可以按需完善。

新增微投票主题：

```
public void add() {
  Vote vote = new Vote();
  vote.setTitle(getPara("title"));
  vote.setOpenid(getPara("openid"));
  vote.setSingleSelect(getParaToInt("single"));
  vote.setCreateTime(new Date());
  vote.save();
  Long id = vote.getId();
  Enumeration<String> paras = getParaNames();
  while(paras.hasMoreElements()) {
    String p = paras.nextElement();
    if(p.startsWith("item")) && p!=null && !"".equals(p.trim()))
      new VoteItem().setItem(getPara(p)).setVoteId(id).setCreateTime(new
        Date()).save();
  }
  Response response = new Response();
  Map<String, Object> data = new HashMap<String, Object>();
  response.setCode(Response.SUCCESS);
  response.setMessage(" 提交成功 ");
  response.setData(data);
  renderJson(response);
}
```

我的微投票主题列表：

```
public void list() {
    String openId = getPara("openid");
    List<Vote> votes = Vote.dao.getList(openId, 1, 10).getList();
    Response response = new Response();
    Map<String, Object> data = new HashMap<String, Object>();
    data.put("votes",votes);
    response.setCode(Response.SUCCESS);
    response.setMessage(" 查询成功 ");
    response.setData(data);
    renderJson(response);
}
```

某个微投票详情：

```
public void detail() {
    String voteId = getPara("voteid");
    Vote vote = Vote.dao.findById(voteId);
    List<VoteItem> VoteItems = VoteItem.dao.findVoteItemByVoteId(voteId);
    Response response = new Response();
    Map<String, Object> data = new HashMap<String, Object>();
    data.put("vote",vote);
    data.put("voteItems",VoteItems);
    response.setCode(Response.SUCCESS);
    response.setMessage(" 查询成功 ");
    response.setData(data);
    renderJson(response);
}
```

某个微投票结果页：

```
public void result() {
    String voteId = getPara("voteid");
    Vote vote = Vote.dao.findById(voteId);
    List<Record> results = new ArrayList<Record>();
    List<Record> VoteItems = VoteItem.dao.getList(voteId);
    List<Record> VoteResults = VoteResult.dao.getResults(voteId);
    Long totalVotes = VoteResult.dao.getTotalVotes(voteId);
    NumberFormat numberFormat = NumberFormat.getInstance();
    numberFormat.setMaximumFractionDigits(0);
    for(Record item : VoteItems){
        for(Record result : VoteResults){
            if(item.get("id") == result.getLong("vote_item_id")){
                item.set("counts", result.getLong("cnt"));
                String percents = numberFormat.format((float)result.getLong("cnt")/
                    (float)totalVotes*100);
                item.set("percents",percents);
                break;
            }
        }
```

```
        results.add(item);
    }
    Response response = new Response();
    Map<String, Object> data = new HashMap<String, Object>();
    data.put("vote",vote);
    data.put("results",results);
    response.setCode(Response.SUCCESS);
    response.setMessage(" 查询成功 ");
    response.setData(data);
    renderJson(response);
}
```

部分数据结构描述如下。

微投票主题表：

```
CREATE TABLE `t_vote` (
  `id` bigint(11) NOT NULL AUTO_INCREMENT COMMENT ' 记录 id',
  `title` varchar(64) NOT NULL COMMENT ' 投票标题 ',
  `single_select` tinyint(1) NOT NULL COMMENT ' 是否单选？ 0: 多选，1: 单选 ',
  `openid` varchar(64) DEFAULT NULL COMMENT ' 创建者 ',
  `unionid` varchar(64) DEFAULT NULL COMMENT ' 统一 id',
  `qr_code` varchar(128) DEFAULT NULL COMMENT ' 二维码图片 url',
  `create_time` datetime NOT NULL COMMENT ' 创建时间 ',
  `update_time` datetime DEFAULT NULL COMMENT ' 修改时间 ',
  PRIMARY KEY (`id`)
) ENGINE=InnoDB AUTO_INCREMENT=6 DEFAULT CHARSET=utf8 COMMENT=' 投票主题表 ';
```

微投票选项表：

```
CREATE TABLE `t_vote_item` (
  `id` bigint(11) NOT NULL AUTO_INCREMENT COMMENT ' 记录 id',
  `vote_id` bigint(11) NOT NULL COMMENT ' 投票 id',
  `item` varchar(128) NOT NULL COMMENT ' 投票选项 ',
  `create_time` datetime NOT NULL COMMENT ' 创建时间 ',
  `update_time` datetime DEFAULT NULL COMMENT ' 修改时间 ',
  PRIMARY KEY (`id`)
) ENGINE=InnoDB AUTO_INCREMENT=41 DEFAULT CHARSET=utf8 COMMENT=' 投票选项表 ';
```

微投票结果表：

```
CREATE TABLE `t_vote_result` (
  `id` bigint(11) NOT NULL AUTO_INCREMENT COMMENT ' 记录 id',
  `openid` varchar(64) NOT NULL COMMENT ' 投票人 ',
  `unionid` varchar(64) DEFAULT NULL COMMENT ' 投票人统一 id',
  `vote_id` bigint(11) NOT NULL COMMENT ' 投票 id',
  `vote_item_id` bigint(11) NOT NULL COMMENT ' 投票选项 id',
  `create_time` datetime NOT NULL COMMENT ' 投票时间 ',
  PRIMARY KEY (`id`)
) ENGINE=InnoDB AUTO_INCREMENT=28 DEFAULT CHARSET=utf8 COMMENT=' 投票结果表，
  多选就有多条记录 ';
```

第8章　小程序优化与演进

8.1　为什么选择小程序，而不是公众号或 App

理念上讲，微信小程序能实现的事务，App 都能实现；但 App 能实现的功能，微信小程序却受限于框架与微信开放的 API，就不一定能做。所以微信小程序、微信及 App 应用的关系如图 8-1 所示。

APPs（App 应用集合）未来将包含若干的小程序。小程序最适合实现单一的、刚需、交互逻辑不太复杂的功能或服务，足够轻量与高效。这也符合微信团队所要求的：用完即走原则。

小程序还有一个极其重要的场景，即作为 App 前期开发的一种思路验证。或者将 App 的某个常用功能模块实现为小程序，也可以为 App 引流。

但小程序不可能完全替代 App，主要原因有：

图 8-1　微信小程序之范畴示意

- 小程序作为微信内场景，如同阅读文章一样，同样会遇到使用小程序和聊天之间的矛盾，这注定了小程序不能做很重很长时间的操作。
- 企业应用场景较多或者面向的对象不一样，则所有的能力都放在微信内也不一定合适。
- 小程序的入口可能会比较零散。未来大量的小程序出现，如何让用户保持长久关注以及方便快速找到使用，这里可能会有难度。
- 公众号主要基于 HTML5，可以实现丰富且比较重的功能，开发较复杂，但体验上也较小程序要差一些。

8.2　未来演进方向探讨

1. 小程序适用场景演进

由于小程序是微信内场景，必然面临阅读公众号文章一样，存在使用小程序与消息聊天之间的矛盾。小程序显然不适合做非常重、或时间非常长的操作。这样也必然限制小程序的应用场景。我们认为未来有两方面可以发展：一方面提升小程序开发的能力，另一方面与微信聊天切换的体验进一步优化。

2. 小程序的入口及有效发现新小程序

小程序未来非常多的情况下，找到自己需要的小程序会变得越来越难。小程序的入口若继续比较深或比较散，那么务必对有效找到所需要的小程序提出要求。这一方面的演进方向，极有可能是搜索、推荐，以及"附近的小程序"。

2016 年 11 月 18 日晚，张小龙在其朋友圈发布一张截图：写着"程序猿的一小步，程序的一大步"。该截图显示在 Android 系统上，小程序的入口是可上升到手机桌面的。未来不排除 iOS 系统同样有可能上升到桌面。

另外，对于长按"识别图中的二维码"这种方式进入小程序，我们应有所期待。

3. 小程序的开发与运营

小程序的运营同样面临着与公众号运营类似的注册、认证及打击问题。

由于微信小程序的框架仍在不断升级演进中，如同吴晓波描述腾讯的快速发展一样："没有任何一个摄影师或者记者，能够准确地描述乃至定格一座正在喷发中的火山"，微信团队仍会带来更丰富的组件、开放更丰富的 API 接口。

8.3　小程序持续优化方法

微信团队对 Web 开发工具持续与快速的迭代升级，为小程序开发者集成更强大的功能及开放更多的 API。需要开发者持续关注并应用。

我们将目前小程序开发过程中常见的问题及优化方法在这里介绍一下。

1. 网络请求接口域名的限制解决

小程序对网络请求接口域名有明确要求。针对 4 种服务器域名（request、socket、uploadfile、downloadfile）每种只能指定一个合法域名。这样，对于后台业务十分复杂，并使用不同域名对业务进行划分的应用就会有问题，比如腾讯的自选股，后台就十分复杂。应对这个限制，腾讯自选股最终通过统一代理方式将多个域名收敛为一个域名，由代理层将请求转发。

2. 应用内部支持 https 请求

微信小程序文档中要求 wx.request 网络请求发起的是 HTTPS 请求，这对于有各种接口的应用也带来影响。仍以腾讯自选股为例，通过在统一代理层部署证书支持 HTTPS 请求，这样后端 RS 机器无需改动，成功解决必须是 HTTPS 请求的问题。

iOS 规则自 2017.1 开始服务器会只支持 HTTPS 协议的接口，所以，现在开始尽量统一为 HTTPS。

3. 小程序仅支持 5 个并发的网络请求

微信小程序官方文档中也提到了，同时打开页面有 5 个的限制。所以不适合做太深层级页面的交互应用。像腾讯自选股这类深层级页面交互的应用，可以使用动态接口将页面需要的数据进行合并，通过一个接口获取页面所需数据。

4. 多个页面代码共用问题

小程序页面与页面之间代码复用性差。当多个页面共用一个 js 或者 json 的时候（比如详情页面），需要打包和构建工具的支持（如用 webpack）。没有工具就只能自己手工复制，一旦涉及修改的时候，要修改多个页面就比较麻烦了。例如：目录层级如下，而其实 000343.js 和 000395.js 的文件内容完全一样，就需要用到一些打包工具去辅助生成，否则就要手动复制。

```
/detail
000343.wxml
000343.js
000343.wxss
000395.wxml
000395.js
000395.wxss
```

5. 关于有状态的登录问题

关于登录，目前小程序不支持 cookie，而是采用前端利用微信提供的接口获取登录凭证 code，server 端再用 code 获取密钥 session_key 的方式对用户数据完成加密解密，整个过程需要 server 端对已有的登录体系进行再次封装，而本地的登录态可以利用微信提供的本地存储进行保存，如图 8-2 所示。

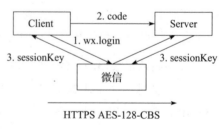

图 8-2　小程序有状态登录实现架构

6. 开发目录与发布目录隔离管理

建议引进 webpack 将开发目录与发布目录区分开来。webpack 是一个前端资源加载／打包工具，它能把各种资源，例如 JS（含 JSX）、coffee、样式（含 less/sass）、图片等，都作为模块来使用和处理。

通过引入 webpack，可以实现对 es6+sass+postcss 的支持，更加灵活的模块化体系，成功隔离了开发目录和发布目录，如图 8-3 所示。

如图所示，我们指定发布目录到 / pub，图片和 CSS 抽取合并后生成 .wxss 文件，例如 allmatch 页面的资源文件全在 component/allmatch 文件夹内，打包后生成的 allmatch.wxss 文件直接放在 pub 目录下。

由于 document、window 对象的限制，Babel runtime 相关、Commonchunk、code spliting、imports-loader 等插件都不可用，想接入 webpack 的开发者们要引起注意。

开发目录和发布目录分开后，针对每次开发目录代码变更后，都需要打包文件才能看到代码效果的问题，这样我们就需要编写自动更新模块，保证发布目录与开发目录效果同步。

webpack 还有一个小问题，就是在调试的过程中会生成许多不必要的文件，为了解决这个问题，需要写了一个清理发布文件夹的脚本，每次打包完成后会自动运行，清理非最终所需文件。清理不必要文件代码如下，供大家参考：

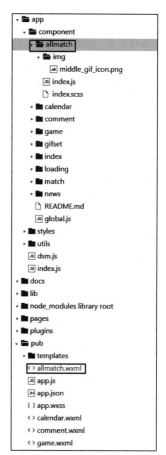

图 8-3　webpack 隔离目录

```
var fs = require('fs');
var files = fs.readdirSync('./pub');
console.log('clean files: ');
files.forEach(function (file)) {
  if (file.indexOf('app') === -1 && (file.indexOf('.
  wxss') !== -1
    || file.indexOf('.js') !== -1
    || file.indexOf('.map') !== -1)) {
    fs.unlink('./pub/' + file);
    console.log(file);
  }
};
```

7. 小程序代码包大小优化问题

小程序的开发工具支持简单的模块化，page 路径可单独设置，但是提交代码包的大小限制为 1M，而小程序没有提供相应的文件压缩与合并。我们可以先行压缩，再提交。

8. 提升小程序的响应速度

在小程序开发过程中，我们发现，通过使用一些小技巧，可以有效提高小程序的响应速度和用户体验。

（1）优化页面跳转的加载速度

在页面之间的跳转过程中，存在一个时间差。小程序各个 page 的生命周期中，最早执行的是 onload，所以很多时候我们把一些初始化操作放在 onload 中调用，比如异步网络请求。当 A 页面跳入 B 页面的时候，从在 A 页面点击跳转到 B 页面 onload 之间，是有约 500 毫秒的时间差。

如果我们利用这段时间差，预先发起新页面所需要的网络请求，那就可节省了 100～300ms。事实证明是可以实现的，可节省高达 400ms，我们先来看一下实现原理。

小程序每个页面都有一个 page() 方法，接收一个 object 参数。在小程序启动时，会预先将所有调用 Page() 方法的 object 存在一个队列里，每次页面访问的时候，微信会拷贝重建一个新的对象实例。即 B 页面还未打开时，B 页面对应的对象（该页面的所有信息，包括变量，函数）实际上就已经存在，这给了我们提前调用其中方法的机会，我们将建立一个 onNavigator() 来扩展 page 的生命周期。

但真正打开 B 页面时，页面对象并不是之前保存的那个，即它并不能拿到之前返回的数据，由此我们需要一个中间桥梁来桥接这先后的两个对象，当预先加载的数据返回后，先保存起来，待在页面打开时直接拿来用。这里我们要构建一个页面管理的桥梁基类方法：pageListMagner。

由于网络请求是异步的，若页面 onload() 时数据还没返回，页面是不正常的，这是我们必须要解决另外一个问题。这里我们利用 ES6 的重要语法：promise 来解决这个异步问题。

代码实现如下：

```
// basePage.js 实现 pageListManger 基类
var pageList = {};
var promiseList={};
module.exports = {
  // 将页面对象加入到 pageList 中
  addPage: function (name, obj) {
    pageList[name] = obj;
  },
  // 通过名通获取相应的页面对象
  getPageByName: function (name) {
    return pageList[name];
  },
// 将网络操作的 promise 暂存
putData: function (pageName, data) {
```

```
        promiseList[pageName]=data;

    },
    // 暂存的 promise 获取出来
    getData: function (pageName) {
     return promiseList[pageName];
    }
}

// A-page.js A 页面
var basePage=require('../../utils/basePage.js');
var pageObj={
 ...
};
Page(pageObj);
basePage.addPage("home",pageObj);

// B-page.js
Page(pageObj){
...
onNavigate: function () {

        var that = this;
        app.getLocationByPromise().then(function (pos) {
            that.startLocation = pos;
            var testPromise = that.searchWc(pos)
            testPromise.then(function (data) {
            return data;
        }, function () { console.log(" 初始化失败 ") });
            pageListManager.putData("testPromise",testPromise);
        },function(){console.log(" 定位发生错误！ ")})
    },

onLoad: function () {
        var promise=basePage.getData("testPromise");
        var that = this;
        var data=promise.then(function (data) {
            that.init(data);
        }, function () { console.log(" 初始化失败 ") });
    },
...
    }
```

关于 Promise 如何保证异步请求数据未返回时，onLoad() 也能获取数据，可以参考 ES6 相关文档。

类似的，如果我们可以预测用户点击页面的行为，则可以在用户尚未点击的时候，就提前加载可能点击页面的数据（与上面实现方法不同，这里要将预加载的数据保存在本地缓存中)，这样下一个页面可以实现秒开，流畅性将进一步改善。

（2）减少默认 data 的大小

页面打开一个新页面时微信会深拷贝一个 page 对象，因此，应该尽量减少默认 data 的大小，以及减少对象内的自定义属性。

测试表明：以一个 100 个属性的 data 对象为测试用例，在 iPhone6 上，页面的创建速度会因此增加 150ms。

（3）代码组件化

微信尚没有提供小程序的代码组件化的方案，但代码组件化是提高开发效率与代码复用的必经之路。这也是小程序开发优化的一个技巧。

下面以视频播放的组件化实现为例来说明。

```
// video-play.js
// 定义一个基类 P()
P('play', {
    comps: [
        require('../../comps/player/index'),
        require("../../comps/toast/index")(),
        require("../../comps/topbar/topbar")(),
        require('../../comps/comment/index')(),
        require('../../comps/recommend/index')(),
        require('../../comps/playdesc/index')()
    ],
    onLoad: function (query) {
    }
    ...
}
```

上述代码中，P() 函数是自定义的基类，可在函数内放置通用的逻辑，如统计、扩展生命周期函数、实现组件化等。P() 的第一个参数是页面名称，作为页面的 key。第二个是 page 对象，其中扩展了一个 comps 数组，即要加载的组件。

我们看播放器组件 /comps/player/index.js：

```
module.exports = {
    data: {
        tvp: {
            url: '',
            state: "stop"
        },
        onLoad: function (query) {
        },
        tvpStartPlay: function () {
```

```
            }
        }
```

　　组件的定义跟一个普通 Page 对象一模一样，有 data 属性，onLoad、onShow 等事件，也有页面响应的回调方法。WXML 模板里定义的事件同样是和 js 事件一一对应的。

　　基类实现的是把这些组件对象的属性和方法复制到 Page 对象上，其中 data 属性会合并到一起。

　　上述是 js 代码的组件化实现，至于页 WXML 文件和 WXSS 文件，则要手工 import：

```
wxml:
<import src="/comps/comment/index.wxml" />
<import src="/comps/recommend/index.wxml" />
<import src="/comps/player/index.wxml"/>
<import src="/comps/toast/index.wxml"/>
<import src="/comps/playdesc/index.wxml"/>
<import src="/comps/topbar/index.wxml" />
wxss:
@import "/style/tabbar.wxss";
@import "/comps/player/index.wxss";
@import "/comps/toast/index.wxss";
@import "/comps/comment/index.wxss";
@import "/comps/playdesc/index.wxss";
```

附录 A 微信小程序平台运营规范

A.1 原则及相关说明

微信最核心的价值就是连接——提供一对一、一对多和多对多的连接方式，从而实现人与人、人与智能终端、人与社交化娱乐、人与硬件设备的连接，同时连接服务、资讯、商业。

微信团队一直致力于将微信打造成一个强大的、全方位的服务工具。在此基础上，我们推出了微信小程序这个产品，提供给微信小程序的开发者在微信内搭建和实现特定服务、功能的平台。通过全面开放的能力，我们将更多连接的可能给予企业和服务提供者，并为微信小程序提供基础的接入能力、运营环境和规则体系，进而帮助更多的企业和服务提供者建立自己的品牌，将商业机会带给整个微信产业链。

在开始微信小程序的开发前，我们希望微信小程序开发者（以下也称为"你"）已经仔细阅读了《微信小程序接入指南》《微信小程序设计规范》《微信小程序开发指南》等；同时，我们也为你准备了微信小程序平台常见拒绝情形。希望这些指南和规范，能够在一定程度上帮助你解决开发、运营微信小程序过程中所遇到的疑问。

我们希望你提交的微信小程序，能够符合微信团队一直以来的价值观，那就是：一切以用户价值为依归、让创造发挥价值、好的产品是用完即走，以及让商业化存在于无形之中。在切实符合用户的合理需求和利益的前提下，通过微信小程序所提供的功能和服务，为海量微信用户提供具有持续价值和高品质的服务。我们期待你来提交你的微信小程序。

A.2 具体运营规范

使用微信小程序平台的服务，你必须阅读并遵守《微信小程序平台服务条款》，以及腾讯为此制定的专项规则等。本运营规范是在上述协议及规则基础上进行解释和说明，相关内容旨在帮助你更加清晰地理解和遵守相关协议和规则，以便能够更加顺利地在微信小程序平台进行运营，而不是修改或变更上述协议及规则中的任何条款。如果我们认为你的微信小程序违反了我们的条款、相关平台规则或法律法规，或对微信公众平台、微信开放平台造成了影响，则微信有权对你的微信小程序采取强制措施，包括但不限于限制你的微信小程序访问平台功能、下架小程序、要求删除数据、终止协议等。

1. 注册提交规范

1.1 提供给用户可以联络到开发者的链接或电子邮箱等有效联系方式。

1.2 提供给平台能联络到开发者的管理员微信号，并保证该微信号真实有效。

1.3 你所提交的微信小程序，不得关联至你不具有完整合法权益或不具备完整授权的网站、应用程序、产品或服务等。

1.4 为保障平台和其他用户的安全、稳定，我们会在你提交微信小程序、运营微信小程序等全过程中，要求你提供相应的材料、进行相应的修改等补充和调整，你应当按照我们的要求协助我们进行审核，否则，将影响审核的结果。

1.5 不允许批量注册、重复提交大量相似的微信小程序。

1.6 不允许重复提交多个相同或同质化严重的微信小程序。

2. 基本信息规范

2.1 微信小程序名称、icon、简介、描述等信息均不得含有政治敏感、色情、暴力血腥、恐怖内容及国家法律法规禁止的其他违法内容；未经授权不得使用第三方享有合法权益的商标、品牌标识等内容或与之相似的内容、信息、特殊角标，侵犯他人合法知识产权，也不得含有其他侵犯他人合法权益（包括但不限于肖像权、名誉权、隐私权、姓名权等）的内容。

2.2 微信小程序 icon 必须清晰，不能含有其他水印信息。

2.3 小程序的简介和描述需明确介绍微信小程序的功能，准确反映微信小程序的核心体验，并保持最新。

2.4 微信小程序的名称、icon、简介等基本信息，相互之间必须有所关联。

2.5 微信小程序的名称和简介、描述中，不得混有商业化用语、热门微信小程序名称、"国家级""最高级"等新广告法明令禁止或其他无关的词语。

2.6 微信小程序的名称不得以电话、邮件、日历等广义归纳类、普遍且不具有识别性的词汇来命名，从而干扰搜索结果。

3. 功能设置规范

3.1 微信小程序所实际提供的服务和内容，需与小程序的简介一致，且不存在隐藏类目。

3.2 微信小程序的核心功能，必须在小程序首页得到体现。

3.3 微信小程序应向用户提供基本的功能指引，包括描述或截图等形式。

3.4 微信小程序的服务范围需与实际填写的类目和标签一致，也需和自身所提供的服务一致，且不应超出小程序平台的类目库范围。如游戏、直播、虚拟物品购买功能等均尚未开放。

3.5 微信小程序的功能不能过于简单，提供的功能不应与其他微信小程序同质化严重。

3.6 未经腾讯公司授权的情况下，微信小程序的添加，必须是免费的，不得设置付费添加。

3.7 未经腾讯公司授权的情况下，不得提供与微信客户端功能相同或者相似的功能。

3.8 微信小程序功能的使用，不应依赖于其他微信小程序，即不得以添加关注或使用其他微信小程序为条件；未经允许或未经腾讯公司授权的情况下，也不得展示或者推荐其他微信小程序。

3.9 微信小程序应设置侵权投诉机制，处理用户间的权益纠纷。

4. 主体规范

4.1 微信小程序的开发、运营者应当符合法律、法规等规范性文件的规定，任何有合理理由认为存在违反法律、法规或监管要求的情况的，将会被拒绝。

4.2 你应当按照我们的要求提供相应的审批、备案等资质文件材料，否则，我们有理由相信你提交的微信小程序存在违反法律、法规或监管要求的情况。

4.3 任何有合理理由认为从事或为从事违法行为、非法活动提供便利、协助的，将会被拒绝。

4.4 未取得法定许可证件或牌照，发布、传播或从事相关经营活动的，我们有权拒绝。

5. 行为规范

5.1 微信小程序的页面内容中，不得存在诱导类行为，包括但不限于诱导分享、诱导添加、诱导关注、诱导下载等；如不得要求用户分享、添加、关注或下载后才可操作；不得含有明示或暗示用户分享的文案、图片、按钮、浮层、弹窗等；不得通过利益诱惑诱导用户分享、传播；不得用夸张言语来胁迫、引诱用户分享；不得强制或诱导用户添加小程序。

5.2 不得存在恶意刷量、刷单等行为。

5.3 未经腾讯书面许可，不得使用或推荐、介绍使用插件、外挂或其他违规第三方工具、服务接入本服务和相关系统。

5.4　不得滥用模板消息，包括但不限于利用模板消息骚扰用户和广告营销。

5.5　不得存在导致腾讯软件在终端设备系统、应用程序商店、市场等必要的使用环境或下载渠道中发生下架、下线、终止提供服务、不兼容等不利影响的内容。

5.6　完成注册后，如账号长期未登录，微信小程序可能被终止使用，终止使用后注册所使用的邮箱、身份证、微信号等信息可能将被取消注册状态。

5.7　不得通过微信小程序实施多级分销欺诈行为，发布分销信息诱导用户进行添加、分享或直接参与。一经发现存在此类行为，微信有权对其进行限制功能直至下架处理，并有权拒绝再向该主体提供服务。

6. 信息内容规范

6.1　微信小程序不得发布、传送、传播、储存国家法律法规禁止的以下信息内容：

6.1.1　反对宪法所确定基本原则，危害国家安全、泄露国家秘密、颠覆国家政权、破坏国家统一、损害国家荣誉和利益。

6.1.2　反政府、反社会，或存在煽动性的涉政言论、散布谣言，扰乱社会秩序，破坏社会稳定。

6.1.3　煽动民族仇恨、民族歧视、破坏民族团结、破坏国家宗教政策、宣扬邪教和封建迷信。

6.1.4　展示人或动物被杀戮、致残、枪击、针刺或其他伤害的真实图片，描述暴力或虐待儿童的，或包含宣扬暴力血腥内容。

6.1.5　传播淫秽、色情或低俗信息，包括但不限于暴露图片、挑逗内容等，或包含非法色情交易的信息。

6.1.6　包含赌博、竞猜和抽奖信息的。

6.1.7　含有虚假、欺诈或冒充类内容，包括但不限于虚假红包、虚假活动、虚假宣传，仿冒腾讯官方或他人业务，可能造成微信用户混淆的。

6.1.8　公然侮辱或者诽谤他人，揭露他人隐私，侵害他人合法权益的。

6.1.9　未经授权，擅自使用他人商标、版权内容等，以及其他侵犯他人合法知识产权的。

6.1.10　任何召集、鼓动犯罪或有明显违背社会善良风俗行为的。

6.1.11　其他任何违反法律法规的内容。

6.2　微信小程序的内容，不得含有以下违反平台规则的信息：

6.2.1　主要为营销或广告用途（如内含空白广告位、招商广告等），或直接出现漂浮广告。

6.2.2 对用户产生误导、严重破坏用户体验，损害用户利益的谣言类内容。

6.2.3 小游戏、测试类内容。

6.2.4 传播骚扰信息、恶意营销和垃圾信息等的。

6.2.5 存在违反与腾讯签订的、任何形式的服务协议、平台协议、功能协议的内容。

6.2.6 存在违反腾讯为相关软件、服务、功能等而制定的管理、运营规范、规则的内容。

6.2.7 其他涉及违法违规或违反平台相关规则的内容。

7. 用户产生内容规范

7.1 未经用户允许，不得代替用户发表内容。

7.2 微信小程序的服务提供者，应设置过滤违法、违规等不当信息内容的机制，保证用户产生内容符合信息内容的规定。

7.3 被投诉微信小程序内存在不当内容时，需提供及时回应的机制。

8. 商标与商业外观

8.1 微信小程序必须遵守商标、版权等知识产权法律法规以及腾讯关于知识产权使用的相关规则。

8.2 使用他人商标、版权内容等涉及他人知识产权的内容需要在帐号申请时如实说明，并根据要求提供相关权利证书或授权证明等。非权利人或未经授权的，不得使用他人享有合法知识产权的内容。

8.3 非腾讯官方账号，禁止在账号名称、输出内容中出现与腾讯已有知识产权内容相同（如'腾讯'、'微信'、'Tencent'、'WeChat'、'QQ'等）、相近似（例如，腾迅、tencet、wecha等）的字样，或者容易与目前已有腾讯产品设计主题、外观等相混淆的内容。

8.4 非腾讯公司实际运营的微信小程序，不得误导和暗示用户腾讯公司是该微信小程序运营者，或者误导和暗示用户腾讯公司以任何形式表示认可其质量、服务或与其存在合作关系。

9. 可用性和完整性规范

9.1 提交的微信小程序应该是一个完成品，要求可以打开、可以运行，且不得为测试版。

9.2 微信小程序不应造成微信客户端崩溃或程序本身崩溃。

9.3 不应存在严重 Bug（如无法添加和打开、无法返回和退出、卡顿严重等）。

9.4 开发者应保证已发布微信小程序的使用流畅性、稳定性和安全性，若因微信小程序自身原因导致其向用户提供的服务中断且未能在腾讯认为的合理期限内修复的，腾讯公司有权采取包括但不限于临时下架等处理措施，以维护良好的用户体验。

9.5 若小程序中存在账号关系或付费内容，需提供测试号，包含账号和密码，保证审核者可以体验所有功能。

10. 用户隐私和数据规范

10.1 数据收集和存储

10.1.1 在采集用户数据之前，必须确保经过用户同意，并向用户如实披露数据用途、使用范围等相关信息。

10.1.2 不得非法收集或窃取用户密码或其他个人数据。

10.1.3 除非相关法律要求，或经用户同意，否则不得要求用户输入个人信息（手机号、出生日期等）才可使用其功能，或收集用户密码或者用户个人信息（包括但不限于，手机号、身份证号、生日、住址等）。

10.1.4 若用户要求，你应该删除接收的所有关于该用户的数据，除非依据法律、法规你有权要求保留这些数据。

10.1.5 若你终止使用微信小程序，则应立即删除从微信和微信小程序接收的所有用户数据。

10.2 数据使用

10.2.1 不允许向微信小程序其他用户或任何第三方显示用户微信号、名称、QQ、手机号、电子邮箱地址和出生日期等信息。

10.2.2 不允许将用户微信号、名称、QQ、手机号、电子邮箱地址和出生日期等信息用于任何未经用户及微信平台授权的用途。

10.2.3 不允许进行反射查找、跟踪、关联、挖掘、获取或利用用户微信号、名称、QQ、手机号、电子邮箱地址和出生日期等信息从事与微信小程序所公示身份无关的行为。

10.2.4 不允许在未经用户明确同意、未向用户如实披露数据用途、使用范围等相关信息的情形下，复制、存储、使用或传输用户数据。

10.2.5 通过微信接收的数据，需保持数据为最新并利用这些数据改善微信小程序的用户体验。

10.2.6 未经腾讯公司授权或允许，不得将微信小程序的数据加入搜索引擎或目录，或将微信小程序搜索功能加入微信小程序。

10.2.7 未经腾讯公司授权或允许，不得使用从微信和微信小程序接收的数据用以做出有关资格的决定，包括决定是否批准或拒绝某项申请，或对某项贷款收取多少利息等。

10.2.8 若你的微信小程序主体被第三方收购或合并，则你从微信和微信小程序接收的数据仅能在你的微信小程序内继续使用。

10.3 数据安全

10.3.1 请谨慎保管好你的账号、密码和密钥。

10.3.2 若使用第三方合作伙伴服务，那么应与合作伙伴签署合同，以保护你从微信获取的任何信息，限制其对这些信息的使用并保持信息的保密性。

10.3.3 不得要求用户降低手机操作系统安全性（如要求 iPhone 用户越狱、Android 用户 ROOT 等）后，方能使用相关功能。

10.4 地理位置

10.4.1 在采集、传送或使用地理位置数据之前未通知并获得用户同意的小程序，将会被拒绝。

10.4.2 使用基于地理位置的 API 用于车辆、飞机或其他设备的自动控制或自主控制的微信小程序将会被拒绝。

10.4.3 使用基于地理位置的 API 用于调度、车队管理或应急服务的微信小程序将会被拒绝。

10.4.4 地理位置数据只能用于微信小程序提供的直接相关功能或服务。

11. 小程序支付规范

11.1 若微信小程序内存在支付行为，需在微信小程序的简介中有明确的指示。

11.2 执行支付动作前，需在页面中对用户有明确的提示。

11.3 未经腾讯许可，不得使用微信支付作为捐款和募捐。

11.4 在微信小程序平台使用支付功能的，应当依照法律、法规等规范性文件的规定开展，不得实施非法吸收公众存款、集资诈骗等违法犯罪行为，或为违法犯罪行为提供协助。

11.5 使用微信支付等腾讯提供的第三方支付工具的，需遵守《微信支付服务协议》和《微信支付用户服务协议》等服务协议和平台规则。

12. 技术实现规范

12.1 遵守微信小程序开发文档和开发规范中的规则和约定。

12.2 微信小程序开发者允许并授权微信团队对提交的代码进行漏洞安全测试。

12.3 系统安全要求

12.3.1 严禁利用手机系统、微信或其他软件或硬件的技术漏洞，一旦发现将回收微信小程序主体的账号资格。

12.3.2 不得安装或运行其他可执行代码的程序。

12.3.3 不得利用微信小程序传播病毒。

12.4 API 的使用

12.4.1 不得使用非公开的 API 的程序。

12.4.2 使用内测中的 API 的程序，微信团队有权保留回收接口的权利。

12.4.3 禁止违规（跨主体）使用其他第三方应用的 API。

12.4.4 未经腾讯公司允许，不得将我们的代码、API 或工具出售、转让或转授给他人。

12.4.5 不得对任何 SDK 或组件进行修改、转译或进行逆向工程，也不得将其用之于制作衍生产品。

12.5 其他要求

12.5.1 执行多任务时，使用后台服务仅限于几种目的：VoIP、音频播放、地理位置、完成任务以及本地提醒等。

12.5.2 不得改变原生用户界面元素和行为（如音量增减和静音开关或其他）。

12.5.3 禁止视频、音乐、语音等多媒体的自动播放。

12.5.4 不得在用户不知情的情况下，使用录音功能。

12.6 授权登录

12.6.1 微信小程序内存在账号体系时，必须提供微信授权登录。

12.6.2 如果用户选择拒绝授权，你可以在用户表现出向你授予权限的意向后再次提醒他们。

12.6.3 应提供功能正常且易于发现的"退出"选项。

12.6.4 用户拒绝授权后，开发者有义务清除并不再继续使用该用户的微信头像、昵称等数据。

12.7 文件下载

12.7.1 需显式提示用户，使用 uploadfile 接口上传文件，不得重复多次上传相同文件。

12.7.2 在移动网络下，不得在用户不知情的情况下，使用 downloadfile 接口下载过多文件。

12.8　模板消息

12.8.1　模板消息的使用，必须遵守微信小程序模板消息规范。

12.8.2　不得恶意诱导用户进行触发操作，以达到可向用户下发模板目的。

12.8.3　不得恶意骚扰，下发对用户造成骚扰的模板。

12.8.4　不得恶意营销，下发营销目的的模板。

13. 小程序 UI 规范

13.1　应符合微信小程序设计规范。

13.2　遵守微信的外观和功能，不得提供改变微信外观和功能的用户体验。

13.3　保持所有图片文本简洁，不可使用文本遮挡图片。

13.4　icon 建议使用有色背景。

13.5　微信小程序页面内的浮层和弹窗应可关闭。

13.6　不得模仿系统通知或警告诱导用户点击。

13.7　小程序的页面在下拉时，账号字样应清晰可见，不得使用背景色遮挡账号名称。

A.3　投诉与处罚规范

微信小程序平台已启用用户投诉处理机制，我们会根据用户的投诉，视违规程度予以不同程度的处罚措施。

A.4　遵守当地法律监管

你在使用微信小程序平台服务的过程中应当遵守当地相关的法律法规，并尊重当地的道德和风俗习惯。如果你的行为违反了当地法律法规或道德风俗，你应当为此独立承担责任。

微信小程序开发者应避免因使用本服务而使腾讯卷入政治和公共事件，否则腾讯公司有权暂停或终止对你的服务。

A.5　小程序平台运营规范免责声明

微信小程序开发者明确了解并同意，关于微信小程序服务腾讯不提供任何种类的明示或暗示担保或条件，包括但不限于商业适售性、特定用途适用性等。你对微信小程序的使用行为必须自行承担相应风险。

A.6　动态文档

这是一份动态更新的文档，我们会根据新出现的问题、相关法律法规更新或产品运营的需要来对其内容进行修改并更新，制定新的规则，保证微信用户的体验。你应能反复查看以便获得最新信息，请定期了解更新情况。

附录 B　微信小程序平台常见拒绝情形

除本微信小程序平台常见拒绝情形外，开发者还应遵守《微信小程序平台服务条款》及腾讯公司公布的相关规则、规范。

B.1　账号基本信息

1. 小程序名称、简介、logo、服务范围、服务标签、账号基本信息文字均不得：
   1）侵犯他人权益（著作权、商标权、肖像权、名誉权等）。包括但不限于，使用或包含不属于该小程序主体的品牌或商标、标识等内容或与之相似的内容、信息、特殊角标。示例：检查名称、简介中是否含有该小程序不属于该账号的权益。
   2）含有商业化用语的、热门小程序名称、"国家级""最高级"等新广告法明令禁止或其他无关的词语。
   3）含有政治、色情、敏感、暴力血腥、恐怖、其他国家法律法规禁止的词汇及违法内容。
2. 特别规则
   2.1　小程序名称、简介：
   　　1）小程序的简介需明确介绍小程序的功能点，不能使用模糊的词义表达，比如，该小程序旨在提高用户的生活品味、该小程序旨在提高用户的购物体验。示例：能在简介中提炼该小程序的几个功能点。
   　　2）名称、简介的信息表达的意思必须有关联，具有一致性，并应与实际提供的功能一致，不含有与功能无关的搜索热词。示例：简介中能找到小程序名称或者分拆出来的词汇。
   　　3）小程序名称不能以电话、邮件、日历等广义归纳类、普遍且不具有识别性词语来命名。示例：名称不是单词汇，必须是两个词以上的组合，当无法判断时，审核人员可主观判断。
   2.2　小程序头像 logo：
   　　1）小程序头像 logo 清晰度不够时，不予通过。示例：无法看清、分辨、识别图片中包含的各个元素，如文字、物体、形状等。

2）小程序头像 logo 应与名称、简介保持一致

2.3　小程序的服务范围和服务标签：小程序所设置的服务标签，应与所选的服务范围保持一致。标签不能超出服务范围。示例：服务范围是家政，服务标签是美食。

B.2　服务类目审核

服务类目是指开发者按照小程序所提供的服务类型和所涉及的服务内容，在平台提供的分类分级表格中选择对应的行业范围。

1. 小程序的类目要和自身所提供的服务一致。

1.1　小程序服务类目所对应的页面中的核心内容必须与该类目一致。

1.2　必须保证用户在该页面能使用该服务类目，不得隐藏，不得进行多次跳转。

2. 小程序的服务类目链接使用正常，不存在违法违规或不符合与腾讯所签署的相关协议、腾讯公司公布的相关规则、规范等内容。

示例：

1）小程序服务类目所对应的页面链接不能正常打开。

2）小程序服务类目所对应的页面链接加载非法信息。

3）小程序服务类目所对应的页面链接加载恶意、色情广告。

4）小程序服务类目所对应的页面链接加载侵犯他人权益的内容；含有商业化用语的、热门小程序名称、"国家级""最高级"等新广告法明令禁止或其他无关的词语、不含有政治、色情、敏感、暴力血腥、恐怖、其他国家法律法规禁止的词汇及其他违法内容。

B.3　小程序整体审核规则

1. 小程序基本功能审核规范

1.1　小程序所实际提供的功能点，需与小程序的简介一致。示例：功能包括但不限于简介中提炼的功能点；

1.2　小程序所提供的所有服务类目功能，必须在小程序首页得到体现，即在小程序首页必须能直达或者经过 2 次点击到达所有本文档 2（服务类目审核）中提交的服务类目页面；

1.3　小程序实际所提供的服务不得属于尚未开放的服务范围。不应超出小程序平台已开放的类目库范围。示例：游戏、直播功能尚未开放。

1.4　小程序中若存在隐藏或付费功能（比如仅充值可见，仅会员可见等受限功能点），该功能的实现不得含有色情、暴力、政治敏感或其他违法违规内容，开发者提供的测试号需可完整呈现和体验该功能；

1.5　小程序的功能应具有使用价值，不能过于简单，示例：只有一个页面，只有一个按钮；

1.6　未经腾讯公司授权的情况下，不得在小程序中提供与微信客户端功能相同或类似的功能，示例：小程序功能不能包含朋友圈、漂流瓶等。

1.7　在未经允许或未经腾讯公司授权的情况下，不得展示和推荐第三方小程序。示例：不能做小程序导航，不能做小程序链接互推，小程序排行榜等。

1.8　小程序功能的使用，无需以关注或使用其他号为条件。示例：使用 A 小程序时，必须同时使用 B 小程序。

2. 小程序页面内容审核规范

2.1　小程序的页面内容中，存在诱导类行为，包括但不限于诱导分享、诱导添加、诱导关注公众号、诱导下载等，要求用户分享、添加、关注或下载后才可操作的程序，含有明示或暗示用户分享的文案、图片、按钮、浮层、弹窗等的小程序，通过利益诱惑诱导用户分享、传播的小程序，用夸张言语来胁迫、引诱用户分享的小程序，强制或诱导用户添加小程序的，都将会被拒绝；

2.2　小程序的页面内容中，主要为营销或广告用途（如内含空白广告位、招商广告等），将会被拒绝；示例：漂浮悬浮广告，含有功能使用的页面中的广告展示比例超过 50%，广告遮挡功能。

2.3　小程序的页面内容中，存在对用户产生误导、引发用户恐惧心理、严重破坏用户体验或损害用户利益的谣言类等内容的，将会被拒绝；

2.4　小程序的页面内容中，不能存在测试类内容；示例：算命，抽签，星座运势等。

2.5　小程序的页面内容中不能存在虚假、欺诈类内容，包括但不限于虚假红包、虚假活动、宣传或销售侵害他人合法权益的商品，仿冒腾讯官方或他人业务，其他可能造成微信用户混淆的内容和服务等；

2.6　小程序的页面中不能含有传播骚扰信息、广告信息和垃圾信息等内容；

2.7　小程序的页面中不得含有可能违反与腾讯签订的、任何形式的服务协议、平台协议、功能协议的内容；

2.8 含有发布、传送、传播、储存违反国家法律法规的或含有以下信息内容的，将会被拒绝：

2.8.1 反对宪法所确定基本原则的，危害国家安全、泄露国家秘密、颠覆国家政权、破坏国家统一、损害国家荣誉和利益的小程序；

2.8.2 任何带有虚假、欺诈内容等的小程序不予通过；

2.8.3 任何召集、推销、鼓动犯罪或有明显侵犯社会善良风俗行为的小程序不予通过；

2.8.4 任何包含法律法规禁止传播内容的小程序不予通过；

2.8.5 小程序内容包含反政府、反社会或不符合主流政治的行为的，或存在煽动性的涉政言论或国家法律禁止的内容的，或含有散布谣言，扰乱社会秩序，破坏社会稳定信息的，不予通过；

2.8.6 小程序内容不能含有色情素材（即旨在激发情欲，对性器官或性行为的明确描述或展示，而无关美学），或存在涉嫌宣扬传播淫秽、色情内容信息，包括暴露图片、挑逗内容等的，或包含非法色情交易的信息；

2.8.7 小程序内容不能包含煽动民族仇恨、民族歧视、破坏民族团结的内容、破坏国家宗教政策、宣扬邪教和封建迷信的；

2.8.8 小程序内容不能包含展示人或动物被杀戮、致残、枪击、针刺或其他伤害的真实图片，描述暴力或虐待儿童的，或包含宣扬暴力血腥内容的，或包含侮辱或者诽谤他人，侵害他人合法权益信息的，将会被拒绝；

2.8.9 小程序内容不能包含赌博、竞猜和抽奖的。

2.9 小程序内的图片上不能含有广告、网址或虚假内容。

2.10 小程序代替用户发表、发送、转交任何内容前，必须征得用户明确同意和授权。

2.11 小程序的服务提供者必须提供过滤不当内容的措施。示例：设置对发布色情、赌博等涉嫌违法违规的词汇进行过滤提示的措施。

2.12 小程序页面中不能存在误导和错误暗示腾讯公司与该小程序有任何合作、投资、背书关系的内容，例如误导和错误暗示腾讯公司是该小程序运营者，或者误导和错误暗示腾讯公司以任何形式表示认可其质量、服务或与其存在合作关而该小程序事实上并非为腾讯公司运营。

3. 可用性和完整性

3.1 提交的小程序须是一个完成品，要求可以打开，可以运行，且不可以是一个测试版。示例：不可运行、存在崩溃、闪退、按钮没有响应、文字表述不完整等。

3.2 本身会崩溃，或小程序程序会造成微信客户端崩溃的，将会被拒绝。

3.3 存在严重 Bug 的小程序（如无法添加和打开、无法返回和退出、卡顿严重等），将会被拒绝。

3.4 若小程序中存在账号体系，需提供测试号，包含账号和密码（可以体验所有功能）。

4. 用户隐私和数据安全

4.1 在收集和使用用户任何数据时，必须明确告知用户该数据的用途，确保经过用户明确同意和授权，并应在用户同意和授权的范围内进行合理使用。在用户注销账号后应相应删除相关数据。数据包括但不限于获取地理位置、用户通讯录、用户手机号码等。

4.2 不得在小程序任何页面请求或诱导用户输入微信用户的用户名或密码。

4.3 不得将搜索小程序功能加入小程序。

4.4 不得在页面中进行或将通过小程序收集到的用户数据私下进行出售、转交、交易、越权披露或泄露。

4.5 不得在未经用户授权同意的情况下，显示用户相关数据，比如，头像，昵称等信息。

4.6 小程序不得要求用户降低手机操作系统安全性（如要求 iPhone 用户越狱、Android 用户 ROOT 等）后，方能使用相关功能。

4.7 若小程序有需要追踪用户的地理位置的功能，则必须提供退出该位置追踪的功能和明确指示。

5. 技术实现规范性

5.1 需要提供小程序文档和说明。

5.2 禁止视频、音乐、语音等多媒体的自动播放。

5.3 安装或运行其他可执行代码的程序，将会被拒绝。

5.4 违规加载或更新代码，将会被拒绝。

5.5 如果小程序有账户系统，必须提供能正常使用且易于发现的"退出"账户选项。

6. UI 规范

6.1 符合 WeApp UI 规范。

6.2 小程序页面内的浮层和弹窗可关闭。

6.3 小程序的界面必须遵守微信的外观和功能，不得提供改变微信外观和功能的产品体验。

6.4 小程序的界面不得模仿系统通知或警告诱导用户点击。

6.5 小程序头像 logo 需使用透明或有色背景。若使用白色背景，需使用有色边框。

附录 C 沟通联络方法

微信小程序开发者在开发过程中有任何疑问，可以邮箱联系微信开发支持团队：weixin_developer@qq.com 或本书作者：wxapp@6ean.com，为方便定位原因并快速解答开发者的问题，开发者应该提供足够多的环境信息，包括但不限于以下信息：

- 公司名称
- mp 账户
- 开发者微信号
- 机型
- 操作系统
- 是否必现
- 出现时间
- 操作路径
- 问题描述
- 问题截图
- 代码片段截图

推 荐 阅 读

iOS开发学习路线图